AF549205

KORINNA SEYBOLD

# Haselmaus ganz nah

Den kleinen Kletterkünstlern auf der Spur

# Inhalt

# *Liebe Leserinnen und Leser,*

darf ich vorstellen: Hier kommt die Haselmaus! Mit meinem ersten Buch möchte ich Ihnen einen Einblick in das geheimnisvolle Leben dieses faszinierenden Tieres geben, das sogar zum Tier des Jahres 2017 ernannt wurde. Es wird Zeit, dass der kleine goldbraune Bilch endlich mehr Aufmerksamkeit bekommt, denn es steht nicht gut um ihn.

Lange wurde der Haselmaus nicht wirklich Beachtung geschenkt. Sie ist nicht so omnipräsent in ihrem Auftreten wie das Eichhörnchen, nicht so auffällig bunt wie ein Eisvogel oder so spektakulär wie ein gesichteter Luchs. Sie ist eher schüchtern, klein und unauffällig. Aber für mich ist sie eine possierliche Schönheit und ein beeindruckendes kleines Wesen mit viel Charme.

Die Haselmaus braucht unsere Hilfe, und nur mit gemeinsamer Anstrengung können wir ihren Fortbestand sichern, damit sie uns auch in Zukunft als ein so wertvoller Teil der uns umgebenden Natur erhalten bleibt. Mich haben Bilche schon vor Jahren in ihren Bann gezogen, und diese Begeisterung dauert weiter an. Denn immer wieder entdecken die Wissenschaftler neue überraschende Details über das Leben der nachtaktiven Kobolde, die Bilchfreunde in aller Welt staunen lassen.

Ich möchte Sie gerne mitnehmen auf eine kleine Reise in die noch verborgene Welt der Haselmaus. Tauchen Sie mit mir ein in das Leben der kletterfreudigen Kobolde und folgen wir gemeinsam den kleinen flinken Pfotchen durch die Nacht …

Viel Spaß beim Lesen wünscht Ihnen

Korina Seybold

# *Die Haselmaus im Porträt*

# *Ein Bilch im Mauspelz*

Wenn die Sonne untergeht, erwachen ganz besondere Tiere in ihren Nestern. Heimlich und behände huschen sie durchs Strauchwerk. Ihre Markenzeichen sind die buschigen Schwänzchen und, für nachtaktive Tiere typisch, die großen runden Augen sowie die hochsensiblen Ohren, die wie kleine Radarschüsseln funktionieren. – Die Bilche sind erwacht. Sie werden auch Schläfer genannt und die Nacht ist ihre Zeit. Aufgrund ihres »Schattendaseins« sind sie noch vielen Menschen unbekannt.

Zur Familie dieser klettergewandten nachtaktiven Kobolde gehört auch die Haselmaus, wissenschaftlich *Muscardinus avellanarius*. Sie wird zwar aufgrund ihrer Größe und ihres Namens oft mit einer Maus verwechselt, ist aber der kleinste Vertreter der *Gliridae* in Europa und damit ein echter »Bilch im Mauspelz«. Den meisten Naturfreunden ist bekannt, dass Haselmäuse Säugetiere sind und zur Ordnung der Nagetiere zählen. Interessant wird es dann aber, wenn man auf die Unterordnung schaut, der sie angehören, nämlich die der Hörnchenverwandten *(Sciuromorpha)*. Lange zählte man sie aufgrund ihres Aussehens zu den Mäuseverwandten, erst in neuerer Zeit wurde dies aufgrund von wissenschaftlichen Untersuchungen geändert. Jetzt weiß man, dass sie tatsächlich, wenn auch nur entfernt, mit unseren heimischen Eichhörnchen verwandt sind. Betrachtet man ihre Fähigkeiten und ihr Verhalten, wird die »Familienähnlichkeit« gut erkennbar. Die kletterfertigen »Mäuse-Mogelpackungen« sind in mehr als einer Hinsicht immer für eine Überraschung gut!

## Gute Waldgeister

*Mit wachen Knopfaugen und geschärften Sinnen turnen die mausekleinen Bilche des Nachts in den Hecken.*

Nicht nur ihr lichtscheues und heimliches Wesen legt den Vergleich mit Kobolden nahe. In der Tat sind sie gute Waldgeister, denn wo die Haselmaus sich wohlfühlt, ist die Natur noch in Ordnung. Die kleinen Bilche sind ausgezeichnete Bioindikatoren für eine intakte und vielseitige Struktur- und Artenvielfalt in ihrer Umwelt. Ihr Lebensraum – dichte, ununterbrochene Hecken und Unterholz, reich an fruchttragenden Beerensträuchern, Samen und Nüssen – bietet einer Vielzahl von Lebewesen ideale Lebensbedingungen.

# *Winzling mit großer Geschichte*

Haselmäuse können auf eine lange Familiengeschichte zurückblicken, denn ihre Urahnen lebten bereits vor 50 Millionen Jahren. Einer dieser »Urbilche« wurde in der Grube Messel bei Dieburg in Hessen ausgegraben. Aufgrund seines guten Erhaltungszustandes konnte man erkennen, dass sowohl sein Aussehen, sein Nahrungsspektrum als auch seine Lebensweise mit der der heutigen Schlafmäuse identisch ist. Ihre Anpassungsfähigkeit, ihr Leben im Verborgenen und ihre dem dreidimensionalen Lebensraum perfekt angepasste Anatomie machen die Schläfer zu einem absoluten Erfolgsmodell der Natur. Und so sind sie weltweit die einzige noch existierende Nagerfamilie, deren Ursprung über 50 Millionen Jahre zurückreicht.

## Haselmaus : Säbelzahntiger – 1 : 0

Erste archäologische Nachweise von Haselmäusen stammen aus dem Miozän, sind also rund 23 Millionen Jahre alt. Damals lebten die kleinsten Vertreter der Bilche zusammen mit schafsgroßen Nashörnern, riesigen Schweinen und den Vorfahren der Säbelzahntiger in Europa. Während die meisten ihrer großen Mitbewohner über die Jahrmillionen ausstarben, hielten die anpassungsfähigen Kleinnager tapfer durch – und das bis heute.

## Verbreitungsgebiet heute

Dank vieler Naturfreunde und dem jahrelangen engagierten Einsatz von Haselmausfans hat man heute schon einen ganz guten Überblick darüber, wo überall die kleinsten unserer heimischen Bilche leben. Das Verbreitungsgebiet der Haselmaus reicht innerhalb Europas von Südengland über Frankreich südlich bis nach Italien und östlich bis zur Ukraine. Darüber hinaus erstreckt sich ihr Vorkommen bis nach Vorderasien. Selbst in den Bergen ist sie bis zu einer Höhe von mehr als 2000 Metern anzutreffen. In Spanien und Portugal allerdings fehlt sie, genauso wie auf den britischen Inseln und in Skandinavien. Die Gründe dafür sind noch unbekannt.

# Zierliche Athleten

Mit nur 6 bis 9 Zentimetern Körperlänge, also fingergroß, und einem sommerlichen Durchschnittsgewicht von 17 bis 20 Gramm, so schwer wie gerade einmal fünf Weintrauben, ist die Haselmaus wahrlich ein zartes Nachtgeschöpf. Im Spätsommer und Herbst entwickelt sie allerdings einen Bärenhunger. Doch selbst wenn sie zum Winter hin ihr Gewicht auf bis zu 40 Gramm verdoppelt, um den nötigen Hüftspeck für den langen Winterschlaf aufzubauen, ist sie noch immer ein Fliegengewicht im Vergleich zu ihren großen Verwandten.

## Spezialisten der Dunkelheit

Große Augen, empfindliche Ohren und sensible Tasthaare sorgen dafür, dass sich die nachtaktive Haselmaus auch im Dunkeln mühelos zurechtfindet. Inwieweit die Tiere Farben sehen, ist noch nicht erforscht. Geruchs- und Hörsinn sind jedoch ausgezeichnet. So ist es fast unmöglich, sich unbemerkt an eine Haselmaus heranzuschleichen. Vermutet wird, dass sich die Tiere auch über Duftmarkierungen im Dunkeln orientieren, aber wissenschaftlich bestätigt wurde das noch nicht. Die Bedeutung der Tasthaare, auch Vibrissen genannt, wurde lange unterschätzt. Inzwischen weiß man, dass sie das entscheidende Sinnesorgan sind, um sich als Haselmaus im dreidimensionalen Raum so flink und zielsicher bewegen zu können.

## Typische Nager

Ganz typisch für ein Nagetier besitzt die Haselmaus Schneidezähne, die lebenslang wachsen und sich gelborange verfärben. Diese Farbe bedeutet jedoch nicht, dass sie auf ihre Zahnhygiene keinen Wert legt, sondern ist ein Zeichen für gesunde und kräftige Zähne, die mit einem sehr harten, eisenoxidhaltigen Zahnschmelz überzogen sind. Aber nicht nur die viel beanspruchten Vorderzähne schieben stetig nach, auch der Schädelknochen der Haselmaus wächst kontinuierlich. Diese Besonderheit kann bei der Altersbestimmung der Tiere durchaus eine Hilfe sein.

*Ausgestattet mit flexiblen Gelenken und sensiblen Tasthaaren klettern die Winzlinge mit Leichtigkeit durch die Dunkelheit.*

## Heckenakrobaten

Die zierlichen Pfötchen der Haselmaus sind perfekt für die Fortbewegung im dichten Gestrüpp geeignet und bergen ungeahnte Kräfte: Ihre Vorderpfoten sind im 30-Grad-Winkel nach außen drehbar, so wird ein Umklammern der Zweige in spektakulären Winkeln ermöglicht. Zudem sind die erste und fünfte Zehe für einen sicheren Griff im Geäst abspreizbar. Die Hinterfüße sind ab dem Knöchel im 180-Grad-Winkel drehbar und sehr stark. So ausgestattet kann die Haselmaus ohne Probleme und absturzsicher mit dem kompletten Körpergewicht kopfüber hängen und schwierigste Passagen klettern. An den Sohlen befinden sich zusätzlich kissenartige Schwielen, die ähnlich einer Saugglocke das Festhalten auch an glatteren Oberflächen erleichtern. Keine süße Beere ist damit vor den befellten Winzlingen sicher.

## Schwanz mit Sonderausstattung

*Beerenhunger: Vor den gelenkigen kleinen Heckenakrobaten ist kein Leckerbissen sicher.*

Der behaarte Schwanz hilft den Haselmäusen lediglich beim Balancieren, als Greiforgan ist er nicht einsetzbar. Das ist auch gar nicht nötig bei den starken Beinchen. Er besitzt aber eine andere Besonderheit: Die Haselmaus weist, wie

Siebenschläfer und Co., das Phänomen der »Schwanzautotomie« auf. Sie kann also bei Gefahr, oder wenn ein Räuber schon zugepackt hat, ihre Schwanzhaut einfach abstreifen. Zurück bleiben nur noch die freistehenden Wirbel, die dann meist eintrocknen und abgenagt werden. Diese Besonderheit kann den kleinen Koboldenen das Leben retten, denn hat ein Angreifer sie am Schwanz, hat die Haselmaus durch den Überraschungseffekt genug Zeit zum Fliehen. Nachwachsen wird so ein ramponierter Schwanz leider nicht mehr, aber die kleinen Bilche kommen durch diesen kleinen Verlust mit dem Leben davon und mit dem Restschwänzchen gut zurecht.

## Der Methusalem unter den Nagern

Die Minibilche können auch eine Eigenart vorweisen, die sie von den meisten Nagern sehr unterscheidet. Denn sie werden mit bis zu sechs Jahren in freier Wildbahn vergleichsweise alt für so kleine Tierchen. Und während Maus oder Ratte mehrere Würfe mit vielen Jungen im Jahr zur Welt bringen, hat die Haselmaus nur ein- bis zweimal im Jahr Nachwuchs. Diese geringe Reproduktionsrate ist unter anderem auf die relativ kurze Zeitspanne, in der sie aktiv ist, zurückzuführen.

*Kopfüber durch die Hecke? Die rutschfesten »Kletterschwielen« an den Pfoten machen's möglich!*

# *Haselmaus ist nicht gleich Haselmaus*

Die typische Haselmaus ist an der Oberseite gelbgrau bis orangebraun gefärbt, ihre Unterseite ist heller, meist cremefarben, und sie hat einen weißlichen Fleck an der Kehle und Brust. Aber die Haselmaus wäre nicht die Haselmaus, wenn sie nicht auch hier mit ihrer Vielfalt beeindrucken würde. Und so sind durchaus farbliche Unterschiede möglich, die man auch bei den fünf europäischen Unterarten erkennen kann: *Muscardinus a. avellanarius, Muscardinus a. speciosus, Muscardinus a. zeus, Muscardinus a. abanticus* und *Muscardinus a. trapezius.* Die Hauptunterschiede betreffen die Fellfärbung und die Zähne.

## Regionale Haarmoden & Co.

So ist zum Beispiel die in Mittel- und Süditalien lebende Haselmausunterart *(Muscardinus a. speciosus)* fuchsrot, die Tiere der in Anatolien lebenden Unterarten *(Muscardinus a. abanticus/trapezius)* fallen hingegen eher durch die dunkleren Schwanzenden und die deutliche Kontrastierung zwischen Oberseiten- und Unterseitenfellfarbe auf. Die Haselmäuse in Deutschland werden oft als goldbraun oder ockerfarben beschrieben. Ganz selten wurden auch schon teilalbinotische, also weiße, und melanistische, also schwarze, Tiere gefunden.

Die in Deutschland lebenden Haselmäuse der Unterart *Muscardinus avellanarius avellanarius* sind dabei von ganz besonderem Interesse, denn genau hier befindet sich eine genetische Übergangszone. Nach der Eiszeit gab es zwei Einwanderungslinien, eine nach Mittel-, Ost- und Nordeuropa und eine nach Westeuropa. Inwieweit sich diese Tiere in Körpermerkmalen oder Verhalten unterscheiden, ist noch nicht geklärt, aber spannend ist diese Entdeckung allemal. Und so sind die Haselmausforscher gegenwärtig sehr beschäftigt damit, auf diese und die vielen anderen Fragen Antworten zu finden.

*Goldbraunes bis ockerfarbenes Fell? Dann handelt es sich wohl um Muscardinus avellanarius avellanarius.*

*Haselmäuse haben zwar ausgedehnte Einzelgängerphasen, wenns langsam kälter wird, haben sie aber nichts gegen wärmende Gesellschaft, besonders im Nest.*

## Von bissigen Italienern und friedlichen Sachsen

Dass das Verhalten von Haselmäusen unabhängig von der Unterart durchaus unterschiedlich sein kann, zeigen europaweit die Beobachtungen bei Kastenkontrollen. So beißen zum Beispiel nordrheinwestfälische und italienische Haselmäuse bei Untersuchungen gern mal kraftvoll zu, sächsische, hessische und litauische Haselmäuse hingegen sind meist friedlich. Woher diese Unterschiede in der Umgänglichkeit kommen, ist noch eines der vielen Rätsel, vor die uns die faszinierende kleine Haselmaus stellt. Beim Lesen des Buchs werden Sie feststellen, dass sich der kleine Überlebenskünstler generell nicht gern festlegen lässt.

# *Minibilche unter sich*

## Die Geheimsprache der Haselmäuse

Haselmäuse sind im Vergleich zum Siebenschläfer nicht ganz so lautfreudig, zumindest in den für unser Gehör wahrnehmbaren Frequenzen. Bekannt ist, dass die knopfäugigen kleinen Bilche, neben dem gelegentlichen Äußern hoher Pfeiftöne, gern im Ultraschallbereich miteinander kommunizieren, wobei der Ultraschallton durch die Nase bei geschlossenem Mäulchen ausgestoßen wird. Wenn man bedenkt, dass diese Form der Kommunikation auch bei Spitzmäusen, Fledermäusen, Mäusen und Ratten stattfindet, kann man sich vorstellen, welch faszinierende Klangwelt uns Menschen nachts im Wald entgeht.

## Gemeinsam einsam?

Das Sozialleben der kleinen Schlafmäuse ist ebenfalls komplexer als bisher vermutet. Sie sind weder, wie häufig zu lesen ist, strikte Einzelgänger, noch Freunde von großen Gemeinschaften. Über das Jahr ändert sich ihre Einstellung zu den Artgenossen: Sind die Männchen während der Paarungszeit mitunter

kleine Krawallbilche und auch die meisten, nicht alle, Weibchen während der Jungenaufzucht eher für sich, so haben sie im Herbst kein Problem damit, sich ihr Nest mit anderen zu teilen. Mit den fallenden Temperaturen steigt die Geselligkeit im Reich der Haselmäuse: Manche verbringen den Winter mit ihren Kindern, andere als Paar mit ihrem Partner zusammen und wieder andere bevorzugen Gruppenkuscheln mit mehreren Artgenossen. Mögen Haselmäuse rein sexuell betrachtet von Verbindlichkeit nicht besonders viel halten, wurde schon beobachtet, dass sich manche in lockeren Langzeit-Paarverbindungen immer wieder im Winternest zusammenfinden.

# Schöner Wohnen

Die eigenen vier Wände sind für jede Haselmaus sehr wichtig. Sie hat deshalb immer gleich mehrere. Beim Hausbau zeigt der kleine Bilch dann auch sein ganzes Können und stellt mit architektonischer Perfektion seine größeren Verwandten in den Schatten.

*Gegen eine bezugsbereite Baumhöhle haben die Minibilche nichts einzuwenden. Solange sie nicht nach Maus müffelt und etwas zu futtern neben der Haustüre wächst …*

## Filigrane Baumeister

Während Sieben- und Gartenschläfer »Fertighäuser«, also Baumhöhlen oder Nistkästen beziehen, kann die Haselmaus selbst Nester bauen und macht sich mit ihrem Zuhause viel Arbeit. Die kunstvollen Kugelnester aus Laubblättern, Gräsern, Rindenfasern, Kiefernnadeln und Farnblättern besitzen einen seitlichen Eingang und werden versteckt im Strauch oder Baum meist in ungefähr einem Meter Höhe angebracht. Sehr beliebte »Bauplätze« sind beispielsweise Brombeerhecken, denn ihre langen Ranken wirken wie Antennen und warnen die dort wohnenden Haselmäuse frühzeitig vor dem Annähern eines Räubers. In Bäumen sind die Nester natürlich entsprechend höher eingebaut.

Für den Bau eines Nests braucht eine erfahrene Haselmaus meist nur eine Nacht. Um genügend Rückzugsmöglichkeiten zu haben, legt sich jeder der kleinen Bilche immer mehrere »Apartments« im Revier an, die durchaus auch mal von Artgenossen aus den überlappenden Revieren mitgenutzt werden. Wer so viele Immobilien betreuen muss, hat ordentlich was zu tun, denn immer wieder werden diese kleinen Wohnungen von »Hausbesetzern« übernommen. Gegen eine Arbeitserleichterung hat deshalb auch die fleißige Haselmaus nichts einzuwenden. Und so bezieht sie im Sommer sehr gerne auch Baumhöhlen oder Nistkästen, die nur noch bequem ausgepolstert werden müssen.

## Das Winterquartier

Den Winterschlaf hält die Haselmaus in eigens dafür errichteten, dicken Laubnestern, die am Boden, meist versteckt zwischen Baum- oder Strauchwurzeln, liegen und eine Wanddicke von circa zwei Zentimetern haben. Auch in Laubstreu, unter Holzstapeln und Reisighaufen oder an Baumstümpfen sind solche Winternester zu finden. Dort verschläft sie je nach Region ab Oktober oder November gut geschützt vor Kälte und Schnee den Winter. Erst im zeitigen Frühjahr, ab April, wird sie dann wieder richtig munter und beginnt sofort damit, ihren Gewichtsverlust aufzuholen und nach potenziellen Partnern Ausschau zu halten.

*... Ansonsten bauen die geschickten Akrobaten kunstvolle Kugelnester in Hecken und Bäume. Nur ein oder zwei Nächte brauchen sie für eine solche Villa in idyllischer Grünlage.*

*Pollen, Blüten, Beeren, aber auch Insekten stehen neben Haselnüssen und anderen fetten Sämereien auf dem Speiseplan.*

## Die Bilchdiät: Friss das Doppelte

Auch wenn es der Name vermuten lässt, Haselmäuse fressen nicht nur Haselnüsse. Vor allem gegen Saisonende stehen auch andere gehaltvolle Genüsse, wie Bucheckern, Faulbaumfrüchte, Hainbuchennüsschen, Stechpalmenfrüchte, Ebereschenbeeren und Eicheln, auf ihrem Speiseplan, um vor dem langen Winterschlaf ordentlich Fettreserven anzusetzen. Die kleinen Kletterer, deren Leben quasi von der Völlerei abhängt, dürfen gar nicht wählerisch sein und sind Generalisten. Lange ging man davon aus, dass Haselmäuse zellulosehaltige Nahrung, wie Rinde und Blätter, nicht aufnehmen beziehungsweise verwerten können. Denn ihnen fehlt der verlängerte Blinddarm und damit die erforderlichen Darmbakterien, um Zellulose zu verdauen. Neuere molekulargenetische Kotanalysen bewiesen allerdings, dass insbesondere Tiere in Buchen- und Fichtenwäldern durchaus auch Blätter von Buche, Ahorn, Fichte und Birke fressen. Da diese Pflanzenteile jedoch sehr energiearm sind, muss noch mehr auf der Speisekarte der dort lebenden Tiere stehen. Die Untersuchungen und Erkenntnisse dazu stehen noch ganz am Anfang. Auch da hält die Haselmaus also weitere interessante Entdeckungen bereit.

Eines muss richtig gutes Haselmausessen sein: energiereich. In ihren circa sechs wachen Monaten muss sie für die Winterzeit vorfuttern und ihr Gewicht verdoppeln. In erster Linie steht, wenn es der Lebensraum hergibt, leicht verdauliche Kost auf dem Speiseplan, wie Früchte und Samen vor allem von Obstbäumen, Buchen, Eichen, Esskastanien. Aber auch Nüsse und Pollen sind beliebt. Je nach Region, Jahreszeit und Habitat lassen sich die kleinen Allesfresser auch gerne Insekten und Spinnentiere schmecken. Nicht nur in ihrem Gusto ist die Haselmaus flexibel. Wie anpassungsfähig sie tatsächlich ist, zeigt ein genauerer Blick auf ihren Lebensraum. Folgen wir also dem kleinen Bilch in seine dreidimensionale Welt …

*Auf den »dormouse highways«, ihren festen Wegen, huschen die Haselmäuse blitzschnell und gut getarnt durchs Gebüsch.*

# Lebensraum Hecke

Die Haselmaus ist ein perfekt angepasster Kletterkünstler. Schwindelfrei muss sie sein und trittsicher. Denn die Welt, in der sie lebt, verlangt ihr einiges ab. Zielsicher klettert sie zwischen Sträuchern und Baumkronen umher und nutzt dabei durchaus feste Wanderwege, die Forscher gern als »dormouse highways« bezeichnen. Bei ihren Streifzügen halten die Minibilche weder Dornen noch meterhohe Bäume oder schwankendes Schilf auf. Wichtig ist nur, dass eine Verbindung zwischen den Gehölzstrukturen besteht, denn auf den Boden begibt sich die Haselmaus ungern. Mehr dazu finden Sie auf Seite 30.

Home is, where my food grows … Ihren Traumwohnort würden Haselmäuse wohl so beschreiben: sonnige, stufig strukturierte Waldränder von Laub- oder Laubmischwäldern mit vielen Beerensträuchern und üppigem Unterwuchs. Denn wenn man so klein ist, ist der Weg von Busch zu Busch eine Langstrecke. Dann ist es besser, wenn das nächste »Restaurant« gleich vor der Haustür liegt. Besonders anziehend wirken deshalb fruchttragende Gehölze, wie Brombeere, Weißdorn und Schlehe, die neben einem reich gedeckten Tisch gleich noch einen sehr guten Schutz gegen Fressfeinde bieten. Durch die Dornen, zwischen denen sich die goldfarbenen Zwerge ganz behände bewegen können, sind sie vor Räubern, wie Katze, Marder oder Kauz, gut geschützt.

## Überlebenskünstler

Früher dachte man, dass in einem Haselmaus-Lebensraum unbedingt Haselnusssträucher vorhanden sein müssen. Dies wurde inzwischen widerlegt, denn die kleinen Bilche zeigen sich extrem anpassungsfähig. So findet man

sie ebenso in von Nadelhölzern dominierten Wäldern mit Fichten oder Kiefern. Wer aber nun denkt, eine Haselmaus sei ein reiner Waldbewohner, der irrt. Sie besiedelt auch Heckensäume und ehemalige Kahlschlagflächen mit frischem Gehölzaufwuchs. Selbst im Röhricht klettern Haselmäuse umher und arrangieren sich mit den dortigen Lebensbedingungen. Durchaus überraschend sind die zahlreichen Funde entlang von Autobahnen. Die dort typischen langen, ununterbrochenen Hecken – andernorts selten zu finden – wirken offensichtlich, trotz der Lage, einladend auf die kleinen Schläfer, und der Lärm scheint ihnen nicht viel auszumachen. Nun könnte man annehmen, dass sie sich in diesem gefährlichen Umfeld ausschließlich in der schützenden Strauchschicht aufhalten. Aber auch hier lassen sich die Überlebenskünstler nicht in ein Schema pressen. Selbst mehrfache nächtliche Querungen der Fahrspuren meistern die flinken Bilche.

## Haselmausdimensionen

In der Nacht legt eine Haselmaus, angezogen von einem aufreizend duftenden Partner oder auf der Suche nach süßen Eibenbeeren, zwischen 50 und 300 Meter zurück. Die Männchen sind deshalb etwas wanderfreudiger, denn

*Ob Nadeln, Dornen oder eine dichte Laubschicht: Solange der Sichtschutz stimmt und ausreichend Nahrung wächst, zieht die Haselmaus gern ein.*

nicht jedes interessante Weibchen wohnt gleich hinter der nächsten Brombeerhecke. Als kleine Strauchakrobaten erklettern sie aber natürlich auf ihren nächtlichen Streifzügen auch Höhenmeter: Zwischen 15 und 17 Meter sind da pro Nacht ohne Probleme drin. Das von einer Haselmaus nachgewiesene Maximum lag bei 51 Höhenmetern in einer Nacht, eine wirklich beeindruckende Zahl, wenn man die zarten kleinen Pfötchen bedenkt.

## Die lieben Nachbarn

Haselmäuse sind sehr standorttreu und haben keine großen Streifgebiete. Auch überlappen sich ihre Reviere häufig – denn sie sind untereinander wirklich ziemlich entspannte Nachbarn. Etwas weniger harmonisch sieht es bei den vielen anderen Tieren aus, mit denen sich die kleinen Schlafmäuse arrangieren müssen: (Höhlenbrütende) Vögel, Sieben-, Garten- und Baumschläfer, Gelbhals-, Wald- und Rötelmaus und Eichhörnchen – mit all diesen Wald- und Wiesenbewohnern muss eine Haselmaus um die Nahrungsquellen und Baumhöhlen konkurrieren. Dabei können sich die kleinen Bilche oftmals nur schwer durchsetzen, und immer wieder sorgt diese Konkurrenz sogar für ein Abwandern und einen Rückzug der Haselmäuse aus einem Gebiet.

*Auch im Röhricht leben die Leichtgewichte. Nur gegen Jahresende fällt das Klettern mit zunehmender Leibesfülle etwas schwerer.*

*Für die Winzlinge ist der ungedeckte Weg von Hecke zu Hecke gefährlich. Grüne Brücken sind für sie lebenswichtig.*

## Ein Leben in Deckung

Klein, vorsichtig, anpassungsfähig, aber trotzdem gefährdet? In einem Punkt wird dem Minibilch seine Größe zum Verhängnis. Auf dem Boden, also außerhalb der Deckung, findet man ihn nur selten. Dieses Verhalten wird für eine Haselmauspopulation dann kritisch, wenn Waldgebiete oder Hecken durch Offenland weitflächig isoliert und stark zerstückelt sind. Sind die Entfernungen zwischen Lebensräumen zu groß – was in Relation zur Haselmausgröße nicht selten ist – oder fehlen Grüngürtel, die Habitate miteinander verbinden, wirken diese Lücken wie für uns unüberwindliche Mauern. Die Fragmentierung, also Zerschneidung der Landschaft, der Verlust von Saumstrukturen und die intensive Wald- und Landwirtschaft sind die Hauptbedrohungen, die dem Kleinsten unserer Bilche sehr zusetzen und seinen Bestand gefährden. Denn die Haselmäuse können dann nicht abwandern und sich verbreiten und sind beim Versuch, Offenland zu überwinden, Räubern schutzlos ausgesetzt.

Einer Gefahrenquelle setzen die Minibilche sich zum Glück nicht noch zusätzlich aus – der direkten Nähe zu uns Menschen. Dies unterscheidet sie sehr vom Sieben- und Gartenschläfer. Denn während die großen Verwandten als Kulturfolger keine Probleme mit der räumlichen Nähe zu menschlichen Behausungen haben und diese sogar als Quartier nutzen, ist die Haselmaus viel zurückhaltender und eher als Kulturflüchter zu bezeichnen.

Aber auch wenn die scheuen Minischläfer einen Sicherheitsabstand zu unseren Städten und Gärten halten, können wir sie, wenn wir ihre Lebensweise verstehen lernen und die Augen nach ihnen und ihren Spuren offenhalten, entdecken und schützen. All das und noch viel mehr finden Sie in diesem Buch.

# *Die große Verwandtschaft*

Die Haselmaus ist nicht der einzige Bilch, der nachts durch unsere Wälder und Hecken klettert. Mit ihren größeren Verwandten, den Sieben-, Garten- und Baumschläfern, teilt sie sich den Lebensraum und auch die nachtaktive Lebensweise.

## Gartenschläfer *(Eliomys quercinus)* und Baumschläfer *(Dryomys nitedula)*

Der Gartenschläfer ist mit 12 bis 17 Zentimetern Körperlänge (ohne Schwanz) etwas kleiner als der Siebenschläfer und hat das kontrastreichste Fell aller Bilche: Seine schwarze Augenmaske ist sein Markenzeichen, ebenso wie sein nicht buschiger, sondern mit einer schwarz-weißen Quaste bestückter Schwanz. Seine markante Fellfärbung ist ein wirklicher Hingucker, denn der rotbraune Rücken hebt sich zum weißen Bauch deutlich ab. Auch er »verschläft« den Winter und bringt, wie Sieben- und Baumschläfer, in unseren Gefilden nur einmal im Jahr Nachwuchs zur Welt. Im Süden kann es auch einen zweiten Wurf geben. Der Gartenschläfer nimmt unter den Bilchen eine Sonderstellung ein, denn er ist durchaus auch häufiger auf dem Boden anzutreffen.

Mit dem graubraunen Baumschläfer teilt der Gartenschläfer nicht nur die schwarze Augenbinde – sie ist beim

Baumschläfer allerdings deutlich kleiner –, sondern auch die Vorliebe für tierische Kost, insbesondere Insekten. Der Gartenschläfer verzeichnet einen starken Rückgang in weiten Teilen Europas, ist aber zum Glück noch häufiger anzutreffen als der streng geschützte Baumschläfer. Dieser ausschließlich in Wäldern lebende Bilch gilt in Deutschland als extrem selten und kommt nur noch in den bayerischen Alpen vor.

## Siebenschläfer *(Glis glis)*

Er ist mit 15 bis 19 Zentimetern Körperlänge (ohne Schwanz) und einem Gewicht von 70 bis 150 Gramm (Sommergewicht) der größte unserer heimischen Bilche. Der Siebenschläfer ist in Mittel- und Südeuropa weit verbreitet, kommt in Deutschland, bis auf den Norden, fast flächendeckend vor und war schon den alten Römern gut bekannt. Durch seine graue bis graubraune Fellfarbe und seinen buschigen Schwanz wird auch er häufig verwechselt. Je nachdem welchen Körperteil der Beobachter vorbeihuschen sieht, wird er gerne mal für eine Ratte oder ein Eichhörnchen gehalten.

Er ist ausgesprochen anpassungsfähig und lebt sowohl in alten Laubmischwäldern, als auch in Streuobstwiesen, Gärten und sogar in menschlichen Behausungen. Auch er ist ein Allesfresser, bevorzugt allerdings vegetarische Kost und hält, wie alle heimischen Bilche, Winterschlaf, zumeist in selbst gegrabenen Erdlöchern. Diese Grabetätigkeit ist eine Besonderheit, die man bei den Bilchen nur vom Siebenschläfer kennt. Im Gegensatz zur Haselmaus erwachen die Siebenschläfer spät, meist im Mai, und gebären auch nur einmal im Jahr Junge, in der Regel zwischen Juli und September.

# Ein Haselmausleben beginnt

*Im Sommer erwacht neues Leben in der Haselmaushecke. Zwei, sehr selten auch drei Generationen pro Jahr!*

# Haselmaus-Familienplanung

Haselmäuse werden überwiegend in den Monaten Juni bis Oktober geboren. Bei zwei Würfen erfolgt der erste Wurf meist im Mai/Juni und der zweite dann im August/September. Eine Ausnahme bilden die in Mittelitalien und Sizilien lebenden Vertreter. Sie halten dank der milden Temperaturen und der immergrünen Wälder keinen Winterschlaf und gebären ihre Jungtiere nicht während der heißen Sommermonate, sondern im November/Dezember und den zweiten Wurf dann im Mai/Juni. Haselmäuse nehmen diesbezüglich eine Sonderstellung unter den Bilchen ein, denn sie sind die einzigen Schlafmäuse, die zwei, seltener sogar drei Würfe in einem Jahr zur Welt bringen können. Ob eine Haselmaus aber tatsächlich so oft Nachwuchs bekommt, hängt sowohl von ihrem Alter als auch vom Klima und dem Nahrungsangebot ab.

## Das Wurfnest

Damit die Kleinen in einem behaglichen Umfeld das Licht der Welt erblicken, bauen werdende Haselmausmütter ein kuscheliges »Wurfnest«, das mit einem Durchmesser von 10 bis 15 Zentimetern genug Platz für die Jungen bietet. Es wird als Schichtnest besonders weich und gut isolierend gebaut. Das erreicht die Haselmausmama, indem sie das Innere mit weichem Pflanzenmaterial auspolstert und für die äußere Ummantelung hauptsächlich Laubblätter verwendet, die mit Gräsern verflochten werden. Jedes Haselmausweibchen hat da ihren eigenen Geschmack, den man an der Auswahl unterschiedlicher Pflanzen als Nistmaterial erkennen kann. Manche mögen offensichtlich auch einen angenehmen Geruch und wählen aromatische Kräuter, zum Beispiel Wacholder, für die Auskleidung. Interessant ist, dass Moos trotz seiner weichen Struktur seltener zum Auspolstern verwendet wird, lieber fein zerschlissenes

Gras, Gehölzfasern oder auch Weiden- und Distelsamen, die weich wie Wolle sind. Sind geeignete Nistkästen in der Nähe, werden natürlich auch diese für die Jungenaufzucht genutzt und entsprechend ausgebaut.

Haselmäuse legen stets mehrere Nester in ihrem Revier an und haben so auch immer mindestens ein Ersatznest, in das sie mit ihrem Nachwuchs bei Gefahr oder Störung umziehen können. Bis zu 50 Meter legt in so einem Fall eine Mutter mit jedem ihrer Babys im Maul zurück. In Anbetracht ihrer zierlichen Größe ist so ein Familienumzug eine echte körperliche Höchstleistung.

## Die erste Zeit

*Es dauert bis zu siebzehn Tage, ehe die Winzlinge ihre Augen öffnen. Bis dahin wärmt und umsorgt die Haselmausmama ihren Nachwuchs liebevoll.*

Ist das Nest fertig, meist erst kurz vor der Entbindung, zieht die Haselmaus sich zur Geburt zurück und bringt nach einer Tragzeit von 20 bis 25 Tagen zwischen drei und fünf, maximal neun Jungtiere zur Welt. Die kleinen Haselmäuse wiegen nur ein bis zwei Gramm und sind gerade mal so groß wie ein Daumennagel, nackt und komplett hilflos. Die Augen und Ohren sind geschlossen und die Finger und Zehen noch mit Haut verbunden.

## Alleinerziehende Haselmausmamas

Um den Nachwuchs kümmert sich die Mutter nun die nächsten fünf bis sechs Wochen ganz allein. Mit ihren vier Zitzenpaaren säugt sie die Kleinen, putzt, wärmt und bewacht sie liebevoll. Der Vater beziehungsweise die Väter helfen bei der Aufzucht nicht mit. Nein, hier ist mir kein Schreibfehler unterlaufen – Haselmausdamen paaren sich auch gern mal mit mehreren Männchen hintereinander mit dem Resultat, dass die Kinder aus einem Wurf verschiedene Väter haben. Was hinter der speziellen Haselmausmoral steckt, erfahren Sie auf Seite 67.

In Gefangenschaft wurde bereits mehrfach beobachtet, dass sich zwei Haselmausmütter ein Nest teilen und sich bei der Jungenaufzucht unterstützen. So bleibt eine Mutter bei den Kleinen, während die andere inzwischen auf Nahrungssuche geht. Wie weit die Unterstützung reicht, ob etwa auch die fremden Jungtiere gesäugt werden, konnte bislang nicht nachgewiesen werden. Diese gemeinsame Nutzung eines Nests wurde auch im Freiland, allerdings eher selten, beobachtet. Männliche Tiere sind während der Jungenaufzucht in Nestnähe hingegen in jedem Fall nicht gern gesehen, da können Haselmausweibchen sehr ungehalten reagieren.

*Bald sind die jungen Haselmäuse bereit, aus dem Nest zu klettern und eine aufregende neue Welt zu erobern.*

# *Kletterschule im Brombeerbusch*

Ab der dritten Woche verlassen die jungen Haselmäuse gemeinsam mit ihrer Mutter das Nest für kurze Ausflüge und lernen die Umgebung kennen. Zu dem Zeitpunkt wiegen sie etwa sechs bis acht Gramm und fangen an, feste Nahrung, wie Beeren, Samen und Blüten, zu sich zu nehmen. Auch wenn die meisten Verhaltensweisen angeboren sind, lernen sie natürlich viel von der Mutter. Aber vor allem trainieren sie ihre Kletterfähigkeiten.

*Auch wenn die Haselmäuse es im Blut haben, Klettern will geübt sein! Gut, dass die Mutter stets in der Nähe ist und aufpasst.*

Bei ihren ersten Ausflügen sind sie nämlich noch etwas wacklig im Strauch unterwegs. Sie müssen lernen, welche Zweige sie tragen und wie man geschickt durchs Gestrüpp balanciert. Es werden bereits kurze Sprünge gewagt und man schaut sich von der Mutter ab, wo überall die süßen Beeren zu finden sind. Dabei kommunizieren die Jungtiere untereinander und mit der Mutter, meist in Ultraschallfrequenz. Während dieser Lernphase werden sie immer noch mit Muttermilch unterstützt, erst wenn die Kleinen vier bis fünf Wochen alt sind und mit acht bis zehn Gramm ein gutes Gewicht erreicht haben, stellt die Mama das Säugen ein.

## Das Glück der Nachzügler

Mit ungefähr sechs Wochen und einem Körpergewicht von 10 bis 15 Gramm ist es Zeit für die inzwischen selbstständigen Jungtiere sich abzunabeln. Meist geht die Initiative dabei von der Mutter aus, die, nicht weit entfernt, in ein anderes Nest umzieht und ihren Nachwuchs seine eigenen Wege klettern lässt. Die Geschwister bleiben erfahrungsgemäß aber noch eine Weile zusammen.

Jungtiere des zweiten oder eines im Jahr sehr spät erfolgten Wurfs haben da meist mehr Glück: Um sie kümmert sich die Haselmausmutter oftmals etwas länger, mitunter bleibt sie sogar über den ersten Winter bei ihnen. Da es diese Spätgeborenen aufgrund der sehr kurzen Zeitspanne, innerhalb derer sie zunehmen und selbstständig werden müssen, erheblich schwerer haben, ist mit dieser verlängerten Fürsorge ihre Überlebenschance etwas höher.

# *Ein Minibilch wird flügge*

Für die früh im Jahr geborenen Junghaselmäuse beginnt mit der Selbstständigkeit ein neuer, aufregender Lebensabschnitt, denn es ist jetzt an der Zeit, sich ein eigenes kleines Revier zu suchen. Meist entfernen sie sich dann durchschnittlich 300 bis 400 Meter von ihrem Geburtsort, die maximalen Distanzen bei solchen Abwanderungen liegen bei etwa einem Kilometer.

## Jugendliche Wanderbilche

Die Suche nach einem passenden Revier dauert nur wenige Wochen. Während dieser Wanderschaft treffen die jungen Haselmäuse natürlich auch immer mal wieder auf erwachsene, bereits etablierte Artgenossen, die sich ihnen gegenüber aber nicht territorial verhalten. Da die Jungbilche noch nicht geschlechtsreif sind, sehen die adulten Tiere in ihnen offensichtlich keine Konkurrenz. Immer wieder dürfen die jungen Wanderbilche sogar die Nester mit den dort ansässigen Revierinhabern teilen. Gastfreundschaft, insbesondere beim Aufeinandertreffen unterschiedlicher Geschlechter, scheint eine verbreitete Haselmaustugend zu sein.

*Das Klettern klappt nach vier Wochen schon ganz gut. Nicht mehr lang, und die junge Haselmaus wird eigene Wege gehen.*

Aber nicht jede Junghaselmaus ist abenteuerlustig und wird von der Wanderlust gepackt. Einige wenige lassen es lieber geruhsamer angehen und bleiben einfach in ihrem Geburtsrevier. Ist drum herum noch nicht alles besetzt und besteht eine geringere Dichte an fortpflanzungsfähigen Tieren, scheint dieses Verhalten kein Problem darzustellen. Denn in der Haselmauswelt ist es normal, dass sich die Streifgebiete mehrerer Tiere überlappen. Haselmäuse verteidigen nicht streng ihre Reviergrenzen. Für solche Patrouillen haben sie schlicht keine Zeit und sie würden auch unnötig Energie verbrauchen.

## Der Kreis schließt sich

Stimmen die äußeren Umstände, ist ausreichend Nahrung vorhanden, wurde ein geeignetes Revier gefunden und wohnt in der Nachbarschaft zufällig ein interessierter Haselmausmann, kann ein früh geborenes Weibchen noch in ihrem Geburtsjahr ihren ersten Wurf zur Welt bringen. Diese frühe Fortpflanzungsfähigkeit ist eine weitere Besonderheit bei den kleinen Schlafmäusen. Solche jungen Mütter haben dann allerdings einen kleinen Wurf – sie können sich also erstmal mit nur zwei bis drei Jungtieren an ihr Muttersein gewöhnen. So schließt sich der Kreis und im Brombeerbusch erwacht neues Leben …

*Viele Haselmausgeschwister bleiben nach dem Auszug der Mutter noch eine Weile zusammen. So fällt der Schritt in die Selbstständigkeit leichter.*

# Nachtschicht – ein Schlafmaustag

# *Große Pläne*

Wenn sich der Tag dem Ende zuneigt und alles etwas ruhiger wird, erwacht die Haselmaus in ihrem Nest. Meist fällt der Startschuss zur »Nachtschicht« etwa 30 Minuten nach Sonnenuntergang, wobei sie nicht gleich in hektisches Treiben verfällt. Zunächst bleibt der kleine Schläfer am Nesteingang sitzen und sondiert die Umgebung. Ist die Luft rein, wird sich nochmal schnell geputzt und dann geht's auf Streifzug, der die ganze Nacht andauern wird. Wie bei so vielen Dingen lässt sich die Haselmaus aber auch hier nicht auf den Typ »hyperaktiver Nachtschwärmer« festlegen. Sie kann überaus geschäftig sein – aber nur wenn sie muss. Bei Regen, kühlen Temperaturen oder bei einem bereits guten Winterschlafgewicht verkürzt sie ihre nächtlichen Aktivitätsperioden und bleibt lieber im warmen Nest, wo sie ihrem Beinamen »Schlafmaus« alle Ehre macht. Oberste Priorität hat für sie nämlich immer der sparsame Umgang mit ihren Fettpölsterchen.

## Ein sehr spätes Frühstück

Je nachdem was auf ihrem Nachtplan steht, frühstückt die Haselmaus erstmal ausgiebig süße Beeren und gehaltvolle Samen, um für ihren kräfteraubenden Alltag gerüstet zu sein. Nachts kehrt sie nur selten zum Nest zurück, denn es gibt immer viel zu tun … Der zierliche Bilch unterhält ständig mehrere Wohnsitze und ist deshalb ein vielbeschäftigter Bauarbeiter. Zwischen drei und zwölf Nester baut und bewohnt eine Haselmaus in ihrem Revier, häufiges Umziehen ist für sie also ein fester Lebensbestandteil. Ein Großteil der Wachphase ist dem Nestbau oder der Erkundung neuer Bauplätze gewidmet. So muss vielleicht noch ein weiteres Sommerdomizil oder ein großes Wurfnest errichtet werden. Und die kürzlich entdeckte Baumhöhle müsste auch noch auf Einzugstauglichkeit und eventuelle Untermieter überprüft werden. Denn so eine schöne Gelegenheit für einen Dritt- oder Viertwohnsitz darf nicht ungenutzt bleiben, bei der Wohnungsknappheit … Und eigentlich müsste man auch mal nachschauen, ob das letzte Nacht zwei Brombeerhecken weiter entdeckte Geißblatt schon blüht. Ein zusätzliches Häuschen mit Direktzugang zum köstlichen Blütenrausch wäre ganz nach ihrem Geschmack!

*Noch nicht ganz wach? Erstmal die Umgebung sondieren und dann frühstücken. Die Nacht wird noch anstrengend …*

*Drei bis zwölf solcher kunstvollen Nester unterhält eine Haselmaus gleichzeitig. So ist sie direkt an der Futterstelle. Kurze Wege sind wichtig!*

# *Hauptberuf: Baumeister*

Eine der Hauptaktivitäten neben der Nahrungsaufnahme ist die Errichtung neuer Nester, die Suche neuer Quartiere und der Ausbau vorhandener Behausungen. Je nach Gebiet und Verwendungszweck variieren solche Nester in ihrer Bauweise. So bauen Haselmäuse **Mischnester** (Laubblätter und Gräser), **Grasnester, Laubnester** (getrocknete und frische Laubblätter), **Schichtnester** (Jungenaufzucht, innen feines Pflanzenmaterial, außen Laubblätter) und **Winternester** (besonders dick; mehr dazu auf Seite 73). Mit viel Geschick verwebt die Haselmaus dabei Blätter, Gräser, Rindenstreifen und Fasern so miteinander, dass eine stabile, gut isolierte Kugel entsteht, die auch dem Gewusel einer Jungtierrasselbande standhält.

Auch Baumhöhlen und Nistkästen werden natürlich gern genutzt und mit entsprechendem Füllmaterial nach Haselmausgeschmack ausgebaut, insbesondere für die Jungenaufzucht und als Tagesschlafplatz. Beliebt sind solche Quartiere, weil sie der Haselmaus viel Zeit sparen. Während bei einem Neubau die Nacht fast ausschließlich damit verbracht wird, Baumaterial zusammenzutragen und so zu bearbeiten, dass man eine bewohnbare, witterungsbeständige Kugel daraus flechten kann, benötigen fertige Quartiere nur einen Feinschliff, um Gemütlichkeit zu schaffen.

## Gedränge auf dem Wohnungsmarkt

Haselmäuse wechseln häufiger ihre Schlafquartiere, und nicht immer ist ein Umzug ein freiwilliges Unterfangen. Auf dem Wohnungsmarkt in der Hecke herrscht stets reges Besetzen, Verdrängen und Umziehen. Während die kleinen

Bilche schon mal Nester von Trauerfliegenschnäppern oder Rotschwänzchen okkupieren, werden ihre Nester auch gern von anderen Tierarten besetzt. Gelbhals-, Wald- und Rötelmäuse sind besonders versessen auf ein hübsches Haselmausnest und machen es sich darin bequem. Auch Hummeln lieben die kunstvoll verwobenen Kugelkonstruktionen. Der zarten Haselmaus bleibt dann meist nur der Rückzug.

*Kleine Vögel und Gelbhalsmäuse besetzen nicht nur begehrte Baumhöhlen, sondern auch Haselmausnester.*

Trotz Wohnungsnot erfolgt ein Wiedereinzug nach Mausabwanderung eher selten: Vermutet wird, dass der stark riechende Mäuseurin der Grund sein könnte, warum viele Haselmäuse solche »verwohnten« Nester seltener wieder annehmen. Manche Haselmäuse scheint es jedoch nicht zu stören, dass es strenger riecht. Auch bei Nistkästen und Baumhöhlen ist der Konkurrenzdruck groß, von höhlenbewohnenden Vögeln bis hin zum verwandten Siebenschläfer, sie alle machen der Haselmaus so eine willkommene Fertigbehausung streitig. Da ist es für die kleinen Bilche ein großer Vorteil, dass sie jederzeit auf ihre handwerklichen Fähigkeiten zurückgreifen können.

## Gestresste Luxusbilche?

Es gibt viel zu tun für die kleine Haselmaus, und die Nacht ist kurz. Auch eine erfahrene Haselmaus muss beispielsweise für ein Nest ein oder zwei Nächte einplanen. Speziell die kurzen Sommernächte setzen die kleinen Schläfer unter Zeitdruck, weshalb sie dann bereits während oder kurz vor dem Sonnenuntergang auf Streifzug gehen. Besonders stressig sind die Nächte für Mütter mit etwas älterem Nachwuchs. Dann kommt zu den obligatorischen Bauarbeiten und der Futtersuche noch die Betreuung dieser »Halbstarken« hinzu, die in ihrer Neugierde und ihrem Entdeckerdrang nicht zu zügeln sind. Gleich einem Sack Flöhe, den es zu hüten gilt, muss sie ihre Augen überall haben und braucht starke Nerven.

Warum tun sich die Winzlinge die stressige Vielbauerei eigentlich an? Was will ein so kleiner Bilch mit so vielen Nestern? Ein Teil der Lösung dieses Haselmausrätsels liegt eben in ihrer Kleinheit. »Besitzgier« treibt sie allerdings bei ihrem emsigen Treiben gewiss nicht an. Eher lebenswichtige Voraussicht.

## Futternomaden

Da nur wenige Monate bleiben, um das Gewicht zu verdoppeln, hat die Futtersuche oberste Priorität. Das Nahrungsangebot wechselt im Verlauf der Jahreszeiten immer wieder. Für die Haselmaus gilt es, darauf zu reagieren, um dichter an den Köstlichkeiten zu sein und so wertvolle Zeit und Laufwege zu sparen. Den Nomaden gleich zieht sie ihrer Nahrung hinterher. Üben im Frühjahr süße Kätzchenpollen und Weißdornblüten eine magische Anziehung auf Haselmäuse aus, reizen im Sommer die Beerensträucher und Walderdbeeren mit ihren reifen Früchten. Im Herbst dann wird sich auf die Haselnüsse, Bucheckern und Faulbaumfrüchte konzentriert. Dank der Baufertigkeit ist ein Sommernest schnell errichtet und schon ist man als Haselmaus ganz nah dran an den schmackhaften Beeren. Durch diese Flexibilität kann die Haselmaus in ihrem Revier und Streifgebiet das Optimum an Nahrungsressourcen nutzen. Allerdings müssen die zur Verfügung stehenden Nahrungsquellen und Fruchtfolgen auch erst einmal alle entdeckt und überprüft werden. Und so flitzt der kleine Bilch unermüdlich im Dunkeln auf den »dormouse highways« durchs Revier, getrieben durch die alljährliche Blüh- und Fruchtphänologie (periodisch

*Ganz nah dran an ihren Leibspeisen fühlt sich die sehr auf ihre Winterschlaffigur bedachte Haselmaus am wohlsten.*

*Wittert die Haselmaus einen Feind, etwa einen Waldkauz, muss sie schnell reagieren und in Deckung gehen.*

wiederkehrende Entwicklungsstadien) der Bäume und Sträucher, und verbringt die Nächte immer mit großer Geschäftigkeit.

Hier sei noch erwähnt, dass dies nicht immer der Fall ist. Beobachtungen zeigten, dass Haselmäuse in Buchen- oder Fichtenwäldern durchaus längere Wege zu den Futterstellen zurücklegen. Worauf dieses unterschiedliche Verhalten basiert, ist noch nicht geklärt. Von Siebenschläfern weiß man, dass sie meist auch nicht der Fruchtfolge »hinterherziehen«, sondern in einem zentralen Bereich des Reviers bleiben, von dem aus sie verschiedenste Nahrungsquellen erreichen, um so bei einem Ausfall der Baummast noch Ausweichressourcen zu haben. Ob Haselmäuse vielleicht auch Futterdepots anlegen, ist noch nicht ausreichend erforscht und wird kontrovers diskutiert. Einiges spricht dafür, dass die gefundenen Nuss- und Eicheldepots eher der Gelbhalsmaus zuzuschreiben sind, die gern auch Haselmausnester als Quartier nutzt.

## Ganz schön stressig – Feinde

Eigentlich ist ein betriebsamer kleiner Schläfer stets gut ausgelastet, Langeweile kommt da selten auf. Und gegen ein kleines Mitternachtsschläfchen hätten die stets auf ihre Kalorienreserven bedachten Minibilche nichts einzuwenden. Aber da machen ihnen verschiedene nächtliche Feinde einen Strich durch die straff kalkulierte Rechnung: Immer wieder ist die Haselmaus gezwungen, ihre Betriebsamkeit zu unterbrechen. Wenn der Ruf des Waldkauzes durch die Nacht hallt, sind alle Sinne geschärft und sie bleibt entweder für kurze Zeit im Nest oder verharrt regungslos im Geäst. In einer aktiven Verteidigung gegen die deutlich größeren und stärkeren Fressfeinde wäre sie chancenlos. Grund-

*Sind allerdings ihre Jungen in Gefahr, startet die Haselmausmutter ein todesmutiges Ablenkungsmanöver.*

sätzlich benutzen erwachsene Haselmäuse zwei Verhaltensweisen im Gefahrenfall – entweder sie flüchten schnell mit Sprüngen ins Dickicht, oder sie gehen in Tarnstarre, um unentdeckt zu bleiben. Jungtiere reagieren bei gefährlichen Situationen interessanterweise eher mit der Flucht nach oben.

## Beherzte Flitzer

Kleinherzig kann man den Minibilch aber bestimmt nicht nennen, denn er kämpft mutig mit seinen eigenen Mitteln. Hat das Wiesel ein Nest entdeckt, womöglich noch das Wurfnest, muss die Haselmaus schnell sein. Schnüffelt der Räuber bereits am Eingang, bleibt ihr nur eine Möglichkeit, ihre Jungen zu schützen: Sie spielt den Köder. Todesmutig springt sie aus dem Nest, damit der hungrige Marder oder die neugierige Wildkatze ihr nachstellt. Meist geht die Rechnung auf, und geschickt lockt sie die Gefahr vom Nest weg. Den Feind abgehängt, kehrt sie nach einer gewissen Zeit zurück und beginnt damit, die Jungen umzusiedeln. Die goldbraunen Fellzwerge einzeln in ein anderes Nest zu schleppen und dabei immer die Umgebung im Auge zu behalten, ist eine der Meisterleistungen, die eine Haselmaus jede Nacht vollbringt. Auf diesen Schreck versorgt sie die Kleinen noch mit einer Extraportion Muttermilch und erst dann kann sie ihr eigentliches Nachtwerk fortsetzen.

Umso emsiger muss sie danach durch das Geäst huschen, immer auf der Hut vor Schleiereule, Wald- und Raufußkauz, Fuchs oder Wildkatze, um nur einige ihrer Feinde aufzuzählen. Als kleiner Nager ist die Liste derer, die einem nach dem Leben trachten, lang, und nur ihren Sinnesleistungen und der perfekten Anpassung an die »arboreale« Welt der Baumkronen ist es zu verdanken, dass die kleinen Bilche trotz der vielen Beutegreifer heil durch die Nächte kommen.

*Nach so einer harten Nacht verschläft die Haselmaus den kompletten nächsten Tag.*

# *Endlich Feierabend!*

Hat die Haselmaus ihre Erledigungen erfolgreich beendet und es geschafft, allen Gefahren aus dem Weg zu gehen, klettert sie nach einer ausgiebigen Stärkung nach Hause. Meist kehrt sie etwa eine Stunde vor Sonnenaufgang zu einem ihrer Nester zurück und macht es sich dort gemütlich. Nach dem enormen nächtlichen Pensum ist es verständlich, wenn sie, kaum zuhause angekommen, vom Schlaf übermannt wird. Je nach Umgebungstemperatur fällt sie dann kurz darauf in einen Tagestorpor: Diese »Dormanzphase« bezeichnet einen zeitlich begrenzten Zustand, der spontan herbeigeführt werden kann und durch eine reduzierte Stoffwechselrate sowie ein leichtes Absinken der Körpertemperatur charakterisiert ist. So kann der Energieverbrauch nochmals gesenkt werden, was insbesondere während Schlechtwetterperioden, Nahrungsknappheit und kühleren Temperaturen von Vorteil ist. Bei Haselmäusen kommt diese Form des Tagesschlafs häufiger vor als bei anderen Bilcharten, wahrscheinlich auch, weil sie vergleichsweise empfindlich auf Temperaturschwankungen reagiert.

Auch hier zeigt sich übrigens wieder die Flexibilität der Haselmaus. Denn wer denkt, dass sie ausschließlich nachtaktiv ist, der irrt. Einige nutzen während der kühleren Herbstzeit eher den Nachmittag als die kalte Nacht, um ihre Fettreserven aufzustocken. Auch bei säugenden Müttern hat man dieses Verhalten beobachtet. In der Regel signalisiert aber der Sonnenuntergang, dass es Zeit wird, aktiv zu werden, und der Sonnenaufgang, dass die Schlafenszeit gekommen ist. Während das Leben mit der Morgendämmerung erwacht, rollt sich die kleine Schlafmaus zusammen und träumt wahrscheinlich von den aufregenden Erlebnissen der Nacht oder einer reich tragenden Brombeerhecke, wo man unbedingt noch schnell ein Nest … aber verschieben wir es auf morgen

# Ein Haselmausjahr

*Der Spitzname Schlafmaus ist Programm. Bis zu sieben Monate pro Jahr verbringen Haselmäuse im Winterschlaf.*

# *Sieben Monate chillen?*

Wenn ein mausähnliches Tierchen so lange unbeschadet schläft, übt das, nicht immer neidlos, eine große Faszination auf Menschen aus. Ganze sieben, manchmal bis zu elf Monate im Jahr verbringt die Haselmaus in einem lethargischen Zustand, den wir Winterschlaf nennen. Und so ist es kein Wunder, dass für uns Menschen dieses außergewöhnliche Attribut namensgebend war und sie seit jeher umgangssprachlich »Schlafmaus« genannt wird. So clever das »Verschlafen« ungünstiger Klima- und Nahrungsverhältnisse ist, und so verlockend gemütlich es auch auf uns wirkt, es ist ausgesprochen herausfordernd und anstrengend. Denn für all die überlebenswichtigen und notwendigen Erledigungen bleibt der Haselmaus dadurch das Jahr über nur wenig Zeit. In den wenigen wachen Monaten müssen die über den Winter verlorenen Gramm wieder auf die Hüften, Sommernester müssen gebaut, willige Partner gefunden und die Kinder aufgezogen werden. Dabei darf man nicht in Kauzfänge geraten, wird immer wieder obdachlos, weil andere einfach das Nest besetzen, muss rechtzeitig mit der Gewichtszunahme beginnen, es gilt dann ja schließlich über ein halbes Jahr zu überbrücken, und das Winternest muss auch fertig sein, bevor die Kälte hereinbricht.

Aber auch wenn die Haselmaus während ihrer wachen Phasen einen straffen Zeitplan hat, stressen lässt sie sich nicht. Jedes ihrer Nester baut sie mit viel Akribie, ihre Kinder zieht sie mit großer Hingabe auf, denn sie säugt sie im Vergleich zu anderen Nagern relativ lange, und für das Öffnen so mancher Nuss nimmt sie sich etwas mehr Zeit (manchmal bis zu 30 Minuten). Und trotzdem bleibt den aufgeweckten Langschläfern noch genug Muße, um sich dem Geißblattblütenrausch hinzugeben und so manche regnerische Nacht einfach auch mal im Nest zu bleiben. Wie sie das nur schafft? – Schauen wir doch mal genauer hin und folgen wir ihr durch ihren Jahreszyklus …

# Frühlingserwachen

Wenn zwischen Ende März und Anfang April Buschwindröschen und Lerchensporn blühen, regt sich auch im Haselmaus-Winternest langsam wieder was. Der Frühlingsduft kitzelt in der Nase und signalisiert, dass es Zeit wird, aktiv zu werden. Haselmäuse sind, trotz ihres beeindruckenden Schlafpensums, übrigens die Bilche, die noch am frühesten erwachen. Bis die Lebensgeister vollständig zurückgekehrt und alle Systeme hochgefahren sind, dauert es aber eine Weile. Mitunter gibt eine Haselmaus während dieses Erweckungsprozesses, manchmal sogar noch während des Schlafens, hohe Töne von sich. Nicht jeder erwacht übrigens alleine: Junge »Wanderbilche« nehmen zum ersten Winterschlaf gern die Gastfreundschaft älterer Tiere an und dürfen im Revier oder sogar im selben Winternest schlafen. Sobald sie wach sind, wandern sie dann weiter und suchen sich in der Nähe freie Gebiete.

Meist werden die Männchen zwei Wochen vor den Weibchen aktiv. Warum das so ist, ist noch nicht ganz geklärt, aber höchstwahrscheinlich hat es positive Auswirkungen auf den Reproduktionserfolg. Neben der Partnersuche haben die Frühaufsteher so wohl auch bei der Revierverteilung und -verschiebung etwas Vorsprung.

*Nach dem langen Winter ist für die erschlankten Minibilche nach einer kleinen Katzenwäsche ein reichhaltiges Frühstück angesagt.*

*Wenn nach den langen Wintermonaten die Natur aus ihrem Tiefschlaf erwacht ist, beginnt für die kleinen Langschläfer ein kurzes, aber ereignisreiches Jahr.*

## Die Antidiät

Während manch ein Zweibeiner mit einem Fastenprogramm dem Winterspeck zu Leibe rückt, startet die Haselmaus mit einer reichhaltigen »Aufbaudiät« ins Jahr: Sie hat fast die Hälfte ihres Gewichts während des Winters verloren und erwacht, 20 Gramm leicht, mit einem Bärenhunger. Die süßen Pollen der Weidenkätzchen blühen da als »Frühstück« gerade zur rechten Zeit. Bei spätgeborenen Jungtieren aus dem Vorjahr ist der Gewichtsverlust noch größer, sie wiegen oft nur noch 13 bis 15 Gramm. Wählerisch ist nach Monaten des Darbens keiner mehr: Weißdorn- und Kirschblüten, Blattknospen, Fichtenpollen oder Insekten – einfach alles, was den knurrenden Magen füllt, wird emsig verputzt. Süßliches schmeckt ihnen besonders gut, wohl weil es einen gesunden, das heißt bei unseren Schläfern hohen Kaloriengehalt signalisiert.

## Bestandsaufnahme

Für die Alttiere steht nach der ersten ausgiebigen Mahlzeit eine Revierbegehung an. Die winterliche Sterberate ist mit 60 bis 80 Prozent bei Haselmäusen sehr hoch. Meist trifft es Jungtiere, die mit zu geringen Speckreserven in den Winterschlaf gehen mussten, oder Tiere, die in ihren Winternestern Fressfeinden zum Opfer fielen. So manch einer stellt dann nach dem Aufwachen fest, dass die Nachbarn plötzlich weg sind, und nutzt die Chance, das Revier etwas zu verlagern. Während des Streifzugs werden alte Nester auf Reparaturbedürftigkeit oder Untermieter überprüft. Handelt es sich dabei um eine Gelbhalsmaus oder eine Meise, ist das Quartier verloren. Und es müssen natürlich neue Futterquellen und passend gelegene Nestplätze ausgekundschaftet werden.

Aus der Ruhe bringen lässt sich eine Haselmaus so früh im Jahr aber nicht: Nach der Bestandsaufnahme wird erstmal gemütlich ein zweites Frühstück verputzt. So kurz nach dem Erwachen hat Essen einfach oberste Priorität. Und der nächste Punkt auf der To-do-Liste ist die Errichtung neuer Schlafquartiere. Dafür benötigt man Energie. Im besten Falle braucht die Haselmaus für die kommende Nacht nur die Baumhöhle in der Eiche gegenüber etwas auszubauen. Sind keine Höhlen oder Kästen in der Nähe, muss doch noch schnell ein Nest gebaut werden, bevor der erste Morgen des Haselmausjahres dämmert und man endlich mal wieder richtig schlafen kann …

## Jetzt wird's romantisch!

*Hat ein Haselmausmann ein attraktives Weibchen entdeckt, gibt er einfach alles, um die Auserwählte für sich zu gewinnen.*

Ab Ende April, spätestens Anfang Mai sind langsam alle Haselmäuse aktiv, und endlich können die Männchen sich auf das für sie Wesentliche konzentrieren: Auf der Suche nach einer Traumfrau legen sie auch mal größere Distanzen von mehreren 100 Metern zurück. Im Hormonrausch ist dem Haselmausmann kein Weg zu weit und kein Gestrüpp zu dornig. So umgänglich sie im Herbst waren, jetzt, mit dem entscheidenden Ziel vor den großen Kulleraugen, hört der Spaß definitiv auf! Während der Paarungszeit sind Haselmausmänner, so wie viele ihrer Geschlechtsgenossen, nicht besonders umgänglich. Gegenüber dem Nachbarbilch oder dem letztens noch freundlich aufgenommenen Haselmausyoungster verhalten sie sich nun territorial und vertreiben diese aggressiv. Wenn die Damen locken, haben Männerfreundschaften meist die Nachsicht. Auch hier gibt es wieder eine Ausnahme von der Regel, denn nicht alle Männchen sind sexuell aktiv im Jahr. Die sexuell inaktiven sind weiterhin gesellig und bleiben umgänglich. Das wird umso verständlicher, wenn man sich die für uns recht lockeren Bilchsitten genauer ansieht …

### Das Liebeslied der Haselmaus

Inwieweit Duftnoten eine Rolle spielen, ist wissenschaftlich noch nicht vollständig geklärt. Es ist aber sehr wahrscheinlich, dass paarungsbereite Tiere nicht nur über akustische, sondern auch über olfaktorische Botschaften zueinander finden. Hat sich ein Paar gefunden, folgt ein sehr besonderes Liebesspiel, denn die Männchen scheinen zu wissen, dass die Damen etwas anspruchsvoller sind. Mit aus bis zu 62 Tönen bestehenden »Ultraschall-Liebesliedern« wird ein Weibchen umworben. Während seines Werbegesangs verfolgt und umkreist ein Bilch auf Freiersfüßen die Angebetete und berührt sie dabei immer wieder mit seinen Tasthaaren. Um dem Ganzen noch mehr Ausdruck zu verleihen, stellt er sich manchmal auch auf seine Hinterbeine. Je nach Lust und Laune des Weibchens erfolgt dann die Paarung nach drei bis 15 Minuten. Und dann, man mag es kaum glauben nach all der Haselmausromantik, gehen beide getrennte Wege und der Haselmausmann sucht sich die Nächste. So weit kommt Ihnen alles noch recht normal und bekannt vor? Dann haben Sie nicht mit den Haselmausdamen gerechnet!

*Sie gibt sich anspruchsvoll und lässt den aktuellen Verehrer ausgiebig werben. Danach macht sie dem nächsten schöne Haselmausaugen.*

## Freie Liebe für den Genpool

Die Haselmausdamen trauern ihnen keineswegs hinterher. Nicht nur die Männchen sind sexuell freizügig, auch die Weibchen paaren sich mit mehreren Partnern hintereinander. Diese »lockeren Sitten« führen immer wieder zu die genetische Vielfalt fördernden Mehrfachvaterschaften, die Jungtiere aus einem Wurf stammen also von verschiedenen Vätern. Durch diese Praktik wird, insbesondere bei isolierteren oder kleineren Populationen, Inzucht vermieden, weshalb sie bei einigen Tierarten vorkommt, beispielsweise auch beim Eichhörnchen und Feldhasen.

Zu den Fortpflanzungstricks der Minibilche weiß die Forschung neuerdings noch mehr Faszinierendes zu berichten: In Gefangenschaft wurde beobachtet, dass Haselmausweibchen offenbar mit nur einem Paarungskontakt zweimal hintereinander trächtig werden können. Hinter dieser scheinbar »unbefleckten Empfängnis« stecken das »Aufsparen« von Spermien oder verzögerte Einnistung. Durch den »Vorrat« könnte vielleicht die Fortpflanzungszeit auch bei Partnermangel voll ausgenutzt werden. Inwieweit dies auch auf freilebende Tiere zutrifft und wie genau dieser Prozess abläuft, wird Bestandteil weiterer Forschung sein. Der kleine Bilch birgt noch zahlreiche Geheimnisse!

# *Summer of Love im Eiltempo*

Die Haselmaus kennt keinen Sommerurlaub. Die warme Jahreszeit steht ganz im Zeichen der Paarbildung und Jungenaufzucht, denn die knappe Fortpflanzungszeit muss optimal genutzt werden und reicht bis in den September hinein. Je nach Alter, Populationsdichte, Nahrungsangebot und Wetter bekommen manche Weibchen einen Zweit- oder sogar Drittwurf. Die Zeit zwischen solchen Geburtsterminen schwankt sehr, manche gebären bereits nach 30 bis 40 Tagen erneut, andere nach 60 bis 70 Tagen. In südlichen Gefilden, etwa auf Sizilien, verschiebt sich hingegen die Aktivitätsphase. Dort halten die Tiere die heißen Monate über Siesta im Sommertorpor (Ästivation) und sind dann über den Winter aktiv. Bei diesem »Sommerschlaf« wird der Stoffwechsel ähnlich wie beim Winterschlaf gedrosselt (→ S. 75).

Besonders für die Weibchen ist der Sommer eine anstrengende Zeit. Allein die kleinen Bilchkinder aufzuziehen stellt eine große Herausforderung dar. Aber auch für die Männchen, die sich aus der Kindererziehung komplett raushalten, bedeutet der Sommer kein pures Dolce Vita. Die alleinerziehenden Haselmausmamas mögen das vielleicht anders sehen, aber so ein Leben auf permanenten Freierspfoten ist total anstrengend: Immer wieder reizen Damen in der Nachbarschaft, muss das Revier gegen störende Konkurrenten verteidigt werden, wollen Quartiere gesucht oder gebaut werden, weil ein Siebenschläfer oder Specht mal wieder schneller war.

*Im Sommer gibt es reichlich süße Beeren. Perfekt für das sehr rundliche Schönheitsideal der Haselmaus.*

## Ein bisschen Dolce Vita muss sein

Immerhin kann die Haselmaus bezüglich des Futterangebots jetzt aus dem Vollen schöpfen und muss nicht lang nach dem nächsten Heckenschmaus suchen. Zu keiner anderen Jahreszeit ist der Speiseplan so vielfältig und reichlich. Deshalb beginnt der kleine Schläfer auch bereits ab August mit der Fettakkumulation. Früchte in Hülle und Fülle sorgen für den für die nahende Winterzeit dringend notwendigen Körperumfang. Und das dichte Laub der Sträucher und Bäume ist ein guter Sichtschutz gegen Feinde, denn viel Zeit zum Ausschauhalten und Verharren bleibt in den kurzen Nächten nicht.

# Im Herbst wird Bilch figurbewusst

Wenn die Nächte länger werden, wird die Haselmaus wieder geselliger. Die abnehmende Tageslänge (Fotoperiode) signalisiert ihr, dass es Zeit wird, sich auf den Winterschlaf vorzubereiten. Man rückt mehr zusammen und nutzt den Effekt des Energiesparens beim gemeinsamen Tagesschlaf. Jetzt trifft man häufiger Paare oder kleinere Gruppen in den Nestern. Um für die kalten Temperaturen gut gerüstet zu sein, bekommt die Haselmaus meist im September, spätestens Oktober ihr Winterfell. Über einen weiteren Fellwechsel im Frühjahr gibt es bis dato noch sehr widersprüchliche Aussagen.

## Winterspeck – the biggest winner

Neben einer wetterfesten Unterkunft ist die Gewichtszunahme das Thema, um das sich im Herbst bei der Haselmaus alles dreht. Um gut durch den Winterschlaf zu kommen, muss sie ihr Gewicht möglichst verdoppeln, womit insbesondere spät geborene Jungtiere Mühe haben. So frönt der zierliche Winzling fast ausschließlich den leiblichen Genüssen. Was paradiesisch klingt, ist echte Schwerstarbeit: Um genug Hüftgold anzusetzen, legen die ansonsten

*Im Herbst kann es schon mal eng werden auf den Zweigen mit verlockenden Hagebutten. Jetzt schmausen und schlafen die Haselmäuse gerne gemeinsam.*

eher nachtaktiven Tiere nun auch die ein oder andere Nachmittagsschicht ein. Sie bevorzugen jetzt Hochkalorisches, zum Beispiel Haselnüsse. So kann eine Haselmaus pro Tag ein bis anderthalb Gramm zulegen.

Sport ist jetzt Mord: Um sich wintertüchtig zu »mästen«, wird die körperliche Aktivität auf das Nötigste reduziert. Man hält sich nicht mehr mit kräfteraubenden Revierstreitigkeiten auf und legt immer wieder kurze Tagestorporphasen mit heruntergefahrenem Stoffwechsel ein, um noch mehr Energie zu sparen. So vermehrt sich der Körperumfang der kleinen Bilche zusehends und es entstehen immer mal wieder Fotos, auf denen extrem beleibte Haselmäuse zu sehen sind. Was auf uns unförmig und ungesund wirkt, ist für die Haselmäuse das überlebensnotwendige Idealgewicht. Es gilt: je dicker, desto besser. Die Speckschicht der nun 30 bis 40 Gramm schweren Fellkugeln kann jetzt mehrere Millimeter dick sein. Unterschieden wird dabei zwischen weißem und braunem Fettgewebe. Das weiße liegt in der Unterhaut, im Bauchraum, wo es den Darm umkleidet, und erfüllt als Speicherfett, Stoffwechselorgan und Isolierschicht viele wichtige Funktionen. Das braune Fettgewebe liegt vornehmlich im Brust- und Nackenbereich und in der Leisten- beziehungsweise Nierengegend. Diese Depots sind bei der Temperaturregulation und für den Aufwachprozess überlebenswichtig. Tiere, die schon zeitig das herbstliche Idealmaß

*Fette Nüsse fürs Hüftgold und schon mal Probeschlafen: Die »anstrengenden« Vorbereitungen für den Winterschlaf laufen auf Hochtouren.*

*Wenn das Laubnest schön dicht gebaut ist und das Gewicht stimmt, wird es langsam Schlafenszeit.*

erreicht haben, gehen bereits im Oktober in den Winterschlaf. Lediglich die spätgeborenen Jungbilche müssen bis weit in den November aktiv bleiben, um irgendwie doch noch etwas Fettreserven aufzubauen.

## Zeit zum Einwintern

Entscheidend für einen ungestörten Winterschlaf, aus dem man auch wieder erwacht, ist nicht nur das Gewicht, sondern auch das Nest. Nistkästen werden dafür nur in milden Wintern als zeitweises Domizil genutzt. Ja, sie haben richtig verstanden, auch im Winter ist ein Nestwechseln möglich. Haselmäuse nutzen »Arousals«, kurze Wachphasen (mehr dazu auf Seite 75), und milde Temperaturen, um das Winterquartier bei Bedarf zu wechseln. Baum- und Wurzelhöhlen sind sehr beliebt und stellen das sicherste Winterschlafquartier dar. Da es davon aber viel zu wenige gibt, muss sich der Großteil der Haselmäuse ein eigenes Nest bauen. Diese Nester sind sehr kompakt, besonders dickwandig (zwei Zentimeter) und so dicht verwebt, dass weder Regen noch Schnee eindringen. Meist liegen sie unter einer Laubschicht und gern auch unter Moos. Ein stabiles Temperaturklima ist nämlich lebenswichtig, denn sowohl zu tiefe als auch zu hohe Temperaturen stören die Ruhephase. Bei solchen Temperaturschwankungen verbraucht die kleine Haselmaus gefährlich viel Energie, da der Körper immer wieder aus dem Sparmodus hochfahren und regulierend aktiv werden muss. Wann genau die Haselmäuse und andere Tiere in den Winterschlaf gehen, hängt vom Zusammenspiel mehrerer Größen ab. Umgebungstemperatur, Licht, Nahrungsangebot, Gewicht – all das spielt eine Rolle, um diesen besonderen Zustand herbeizuführen. Dann wird es Zeit für unsere Haselmaus, sich in ihrem Nestchen zusammenzurollen, dabei die typische kugelförmige Schlafposition einzunehmen und der frostigen Zeit die kalte Bilchschulter zu zeigen. Und dann kann der Winter kommen …

# *Winterschlaf – nichts für müde Schlafmäuse!*

Der Winterschlaf (Hibernation) ist ein meist vollkommen unterschätzter, da eigentlich äußerst komplexer Ruhezustand, der so ruhig gar nicht ist. Winterschlafende Tiere »schlafen« nämlich weder die ganzen Monate komplett durch, noch »wachen« sie danach erholt auf, denn mit einem Tiefschlaf hat der Winterschlaf nichts zu tun.

Charakteristisch für den Winterschlaf ist das Absinken der Körpertemperatur auf 0 bis 1 Grad und die Verlangsamung der Atem- und Herzfrequenz. In diesem Zustand schlägt das kleine Haselmausherz nur noch 6 bis 13 Mal pro Minute und die Atemzüge reduzieren sich mitunter von normalen 220 auf nur noch circa 60 pro Minute. Sogar Atempausen von mehreren Minuten sind gemessen worden. Alle Aktivitäten werden auf ein Minimum reduziert. Die Tiere erscheinen dann leblos, aber schlafen tun sie genau genommen nicht, denn eigentlich befinden sie sich in einem hochregulierten, also innerlich durchaus aktiven Zustand.

*Neidisch auf die kleinen Langschläfer sollten wir nicht sein. Denn Winterschlaf zu halten, ist echte Schwerstarbeit.*

Wenn sich eine Haselmaus in den Winterschlaf begibt, fällt sie nicht schlagartig in diesen besonderen Zustand, sondern durchläuft anfangs kurze lethargische »Testphasen«. »Durchschlafen« ist aber auch danach nicht angesagt. Alle drei bis vier Wochen erfolgen kurze Aufwachphasen, sogenannte »Arousals«, die meist nur wenige Stunden dauern. Während dieser Phasen bringen die Tiere ihren Stoffwechsel wieder in Gang und kehren vorübergehend zu einer normalen Körpertemperatur zurück. Arousals treten bei allen winterschlafenden Säugetieren auf und sind die Hauptursache für die Fettverbrennung während des

Winterschlafs. Je nach Tierart können 60 bis 75 Prozent, bei Haselmäusen sogar bis zu 80 Prozent des Energieverbrauchs zulasten dieser Aufwachphasen gehen, was deutlich macht, wie gefährlich zusätzliche Störungen sind. Sie sind aber trotz ihrer hohen Energiekosten überlebensnotwendig: Untersuchungen legen nahe, dass sie den Körper vor negativen Beeinträchtigungen schützen. Sonst würde beispielsweise das zentrale Nervensystem während des langen hypometabolischen Zustands (verminderter Stoffwechsel) Schaden nehmen. Des Weiteren scheinen sie für eine kurzzeitige Aktivierung des Immunsystems relevant zu sein und letztlich auch, um mal richtig zu schlafen, denn während der Torporphasen ist erholsames Schlafen nicht möglich.

*Der Winterschlaf ist nur scheinbar ruhig. Der kleine Haselmauskörper leistet im Stillen Unglaubliches, um die lebensfeindliche Winterphase zu überstehen.*

Wie man sieht, ist dieser Energiesparmodus ein hochkomplexer Prozess, bei dem das Nervensystem, der Hormonhaushalt, der Stoffwechsel (Fett-, Mineralstoffwechsel und Blutzucker) und der Blutkreislauf miteinander genau abgestimmt interagieren und über den es noch viel zu forschen gibt. Was man schon weiß ist, dass die Tiere in dieser Torporphase so manches mitbekommen. Äußere Reize werden durchaus wahrgenommen, denn der circadiane

Rhythmus, also die Abläufe im Körper, die auf den 24-Stunden-Rhythmus des Tages abgestimmt sind, bleibt, wenn auch äußerlich kaum wahrnehmbar, bestehen.

## Weltmeister im Winterschlaf

Auch hier übertreffen Haselmaus und Co. andere winterschlafende Arten: Sie können tatsächlich einen sehr langen Winterschlaf halten, manchmal sogar bis zu elf Monate, müssen es aber nicht. Dank ihrer dicken Speckschicht und einer rekordverdächtigen »Schlafzeit« schaffen es die Minischläfer, die unwirtliche Jahreszeit zu überstehen. Einer Gefahr können sie trotz ihrer Körperfülle nichts entgegensetzen: Während des Winterschlafs steigt die Gefahr des Gefressenwerdens deutlich. Die reglosen Tiere sind in ihrem Winternest so manch einem hungrigen Maul hilflos ausgeliefert. Ob Wildschwein, Fuchs, Wildkatze oder Marder, wenn ihnen in der kalten Jahreszeit der Magen knurrt, kommt so eine gut genährte Fellkugel gerade recht.

*Während andere Tiere der eisigen Winterwelt mühsam Nahrung abtrotzen, zehrt die Haselmaus von ihren Fettreserven. Beides eine Meisterleistung.*

# *Ein Herz für die Haselmaus*

*Von »aufgeräumten« Wäldern und gestutzten Fluren hält die Haselmaus nicht viel. Ihre Welt ist das Dickicht.*

# *Was braucht die Haselmaus?*

Um Haselmäuse glücklich zu machen, muss man wissen, wo sie sich wohlfühlen. Laubmischwälder mit einem vielfältigen dichten Unterwuchs, Waldränder mit artenreichen Saumstrukturen, zusammenhängende Feldgehölze – überall dort lebt die Haselmaus gern und gut. Monokulturen, rein ertragsorientierte Waldwirtschaft, ausgeräumte Ackerlandschaften sowie die Fragmentierung und Verinselung des Lebensraums hingegen machen es dem anpassungsfähigen kleinen Bilch schwer, sich in diesem Umfeld zu behaupten.

Wir müssen wieder eine Balance finden zwischen unseren und den tierischen Ansprüchen, zwischen dem Schutz der Natur und dem wirtschaftlichen Interesse. Was dem kleinen Bilch guttut, ist eine gesunde, vielfältige Natur, und diese kommt auch uns zugute, denn wir sollten nicht vergessen, dass wir, genauso wie die kleinen Bilche, ein Teil der Natur sind und so all die von uns verursachten Veränderungen im Ökosystem letztlich auch auf uns zurückfallen. Um auch langfristig die Haselmauspopulationen zu schützen, bedarf es folglich der gemeinsamen Anstrengung von Naturschützern, Waldbesitzern und Landwirten.

## Einfach ein bisschen mehr »Unordnung«

Nachhaltige Haselmaushilfe bedeutet in erster Linie, geeignete Habitate zu erhalten und neue zu schaffen. In den Wäldern sollte eine abwechslungsreiche Kraut- und Strauchschicht gefördert werden, denn sie ist der bevorzugte Lebensraum der kletternden Haselmäuse. Zudem bietet sie einen guten Sichtschutz und ausreichend Nahrung für die kleinen Schläfer. Der Schutz von

Höhlenbäumen ist ebenfalls eine ganz wichtige Erhaltungsmaßnahme. Sie dienen nicht nur Haselmäusen, sondern auch einer Vielzahl gefährdeter Tiere als Fortpflanzungs- und Ruhequartier. Die Anregung der Naturverjüngung vorhandener Sträucher im Wald durch Zurückschneiden (»auf Stock setzen«) sorgt ebenfalls für eine dichte und haselmausfreundliche Strauchschicht. Der Verzicht auf einen flächendeckenden Einsatz von schwerem Gerät im Wald würde ebenfalls nicht nur der Haselmaus das Leben erleichtern. Auch im Hinblick auf Bodenverdichtung und Beschädigung der Bäume entlang der Fahrgasse ist der Einsatz solch großer Maschinen zu kritisieren. Des Weiteren gilt es, unbedingt zusammenhängende Heckenlandschaften zu erhalten und zu schaffen. Wo bereits eine Zerschneidung von Lebensraum stattgefunden hat, können die Förderung von Kronenschluss, verbindende Saumelemente oder das Errichten von Grünbrücken Migrationskorridore schaffen, über die sich nicht nur die Haselmäuse gefahrlos bewegen und ausbreiten können.

*Haselmaus gut, alles gut. Wo sie gerne wohnt, fühlen sich auch andere Tiere wohl. Wer sie entdeckt, ist auf einen kleinen Glücksbringer gestoßen.*

## Was uns die Haselmaus über unsere Natur sagt

Haselmaus gut, alles gut – so ungefähr könnte man es ausdrücken. Denn dort, wo sich Haselmäuse richtig wohlfühlen, ist nicht nur für sie, sondern auch für viele andere Arten der Lebensraum intakt. Pflanzenvielfalt, blühende, schmackhafte Hecken und artenreiche Wälder – dafür steht die Haselmaus, und wo ihre Ansprüche erfüllt werden, werden auch die Bedürfnisse anderer Wildtiere gedeckt. Deshalb gilt sie auch als Bioindikator für eine hohe Pflanzen- und Tierdiversität.

# *Eine haselmausfreundliche Welt ist machbar!*

Da die Minibilche eher scheue Kulturflüchter sind, wird man sie mit einer Haselmaus-Gourmethecke im Stadtgarten eher selten anlocken können. Besonders in waldnahen Gärten sind solche Naschhecken, und am besten so, dass sie mit dem Grünland in der Gegend verbunden sind, aber eine von vielen Möglichkeiten, den kleinen Bilch zu unterstützen. Generell ist das Anpflanzen von fruchttragenden Wildsträuchern nicht nur für die Haselmaus, sondern für viele andere Tiere im Wald wie auch im Garten eine große Hilfe.

## Ein Haus für die Haselmaus

Zusätzlich kann man diese Hecken mit Haselmauskästen bestücken und so dort vorkommenden Tieren bei der Wohnungssuche helfen. Diese Kästen kann man kaufen oder auch selbst bauen. Auf der Seite 84 finden Sie einen Bauplan. Ob Sie nun diese Anleitung nutzen oder selbst kreativ werden, die Lochgröße ist dabei von entscheidender Bedeutung, damit die kleinen Bilche den Kasten nicht gleich wieder an größere Wohnungssucher verlieren. Biologen aus der ökologischen Forschungsstation in Schlüchtern haben herausgefunden, dass die optimale Lochgröße 19 bis 21 Millimeter beträgt. So schließt man (fast) alle Konkurrenten aus, sogar alle Mäuse – bis auf die Gelbhalsmaus. Das Loch sollte auf der Kastenrückseite angebracht sein. Auch die Kastengröße spielt eine wichtige Rolle: Die kleinen Bilche mögen es lieber räumlich begrenzt und kuschelig. Für die Kontrolle, also das Öffnen der Kästen ist allerdings eine artenschutzrechtliche Ausnahmegenehmigung notwendig. Die neuen Bewohner dürfen nicht unnötig gestört werden.

*Mit fruchttragenden Naschhecken voll süßer Früchte und schützender Dornen macht man Haselmäuse und andere Tiere glücklich.*

## Laub bedeutet Leben!

Auch mit einfachem Laub kann man den Winterschläfern etwas Gutes tun. Nicht nur Haselmäuse profitieren von der isolierenden Schutzfunktion der abgeworfenen Blätter, auch andere Tiere, wie Igel, Kröte und Schlange, ziehen sich im Winter gern darunter zurück. Wir Menschen sollten Wälder und Hecken also nicht zwingend nach unseren Vorstellungen »aufräumen«, Baumstümpfe, Laub und andere für uns nutzlose »Abfälle« beseitigen, sondern mehr Mut zur »Unordnung« haben, denn genau diese kann Leben retten. Denn nur eine nicht restlos an unser subjektives Ordnungsempfinden angepasste Natur ist wirklich »in Ordnung«, in Balance.

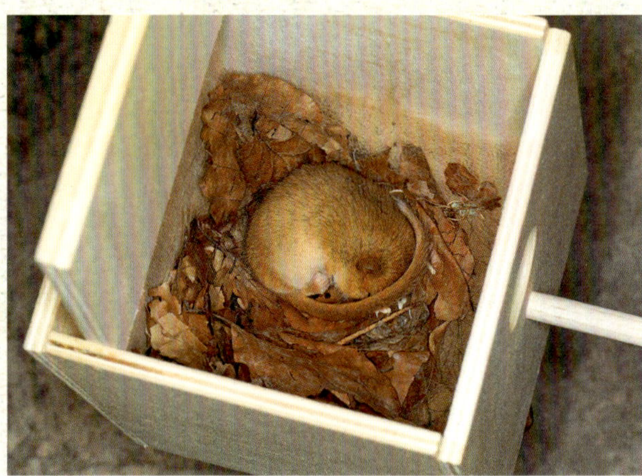

# Bauanleitung Haselmaus-Schlafkasten

Haselmauskästen können Sie das ganze Jahr über an Stämmen mit einem Mindestdurchmesser von etwa 15 Zentimetern mithilfe von ummanteltem Draht anbringen. Die optimale Höhe liegt bei etwa zwei Metern.

Unbedingt sägeraues Holz benutzen, ansonsten finden die Tiere keinen Halt zum Aussteigen und der Kasten wird zur Todesfalle! Für unsere Minibilche reicht ein Eingangsloch mit einem Durchmesser von etwa 20 Millimetern, dann ist auch die Konkurrenz ausgesperrt.

## Material und Vorbereitung

1. Die **20 Millimeter starken Vollholzplatten aus unbedingt sägerauem Holz** für den Haselmauskasten sollten unbehandelt sein. Die Bauteile werden mit einer **Hand- oder Stichsäge** zugeschnitten, dabei die obere Kante der Vorder- und Rückwand passend zu den Seitenteilen etwas anschrägen.
2. Das Eingangsloch mithilfe eines **passenden Forstnerbohrers** bohren oder mit der Stich- beziehungsweise einer **Laubsäge** ausschneiden.
3. Anschließend wird mit einem **100er Schleifpapier** mindestens das Eingangsloch, idealerweise alle Kanten, geglättet, aber keinesfalls die Flächen!
4. Die Bauteile werden mit **24 mindestens 30 Millimeter langen Schrauben** verbunden. Damit das Holz nicht platzt, sollten Sie die Verbindungsstellen mithilfe eines **Holzbohrers** in passender Stärke vorbohren. Zusätzlich einige kleine Bohrlöcher in der Bodenplatte anbringen, damit der Kasten ausreichend belüftet ist.
5. Für das Dach ein **Stück Dachpappe im Format 270 × 200 Millimeter** zuschneiden. Die Ecken etwas einschneiden und die Pappe mit einem **Tacker** so auf der Dachplatte befestigen, dass der Überstand alle Seitenkanten ummantelt. Das Dach wird später mit **4 Winkelschrauben und etwas isoliertem Draht** fixiert.

## Zusammenbauen

1. Die Rückseite kommt bündig zwischen die beiden Seitenwände und wird mit 4 Schrauben auf Stoß verschraubt. Anschließend wird die Bodenplatte eingelegt und ebenfalls mit 4 Schrauben befestigt. Zum Schluss wird die Vorderwand bündig aufgelegt und mit 4 Schrauben verbunden.
2. Die beiden längeren Holzleisten werden knapp ober- und etwa 50 Millimeter unterhalb des Eingangs mit jeweils 2 Schrauben an der Schnittfläche mit der Rückwand verschraubt, sodass später ein Abstand von 3 Zentimetern zwischen Stamm und Kasten der Haselmaus einen bequemen Einstieg sichert.
3. Für das Dach, das nur aufgelegt wird, die beiden kürzeren Leisten parallel zu den kurzen Seiten mit jeweils 2 Schrauben so anbringen, dass das Dach später hinten etwa 20 Millimeter übersteht. An den seitlichen Dachkanten mittig jeweils 1 kleine Winkelschraube eindrehen, sodass der Haken nach oben zeigt. Etwas unterhalb dieser Haken an den Seitenwänden jeweils 1 Winkelschraube so eindrehen, dass der Haken nach unten zeigt. Mit 2 kleinen Drahtschlingen kann das Dach windsicher fixiert werden.

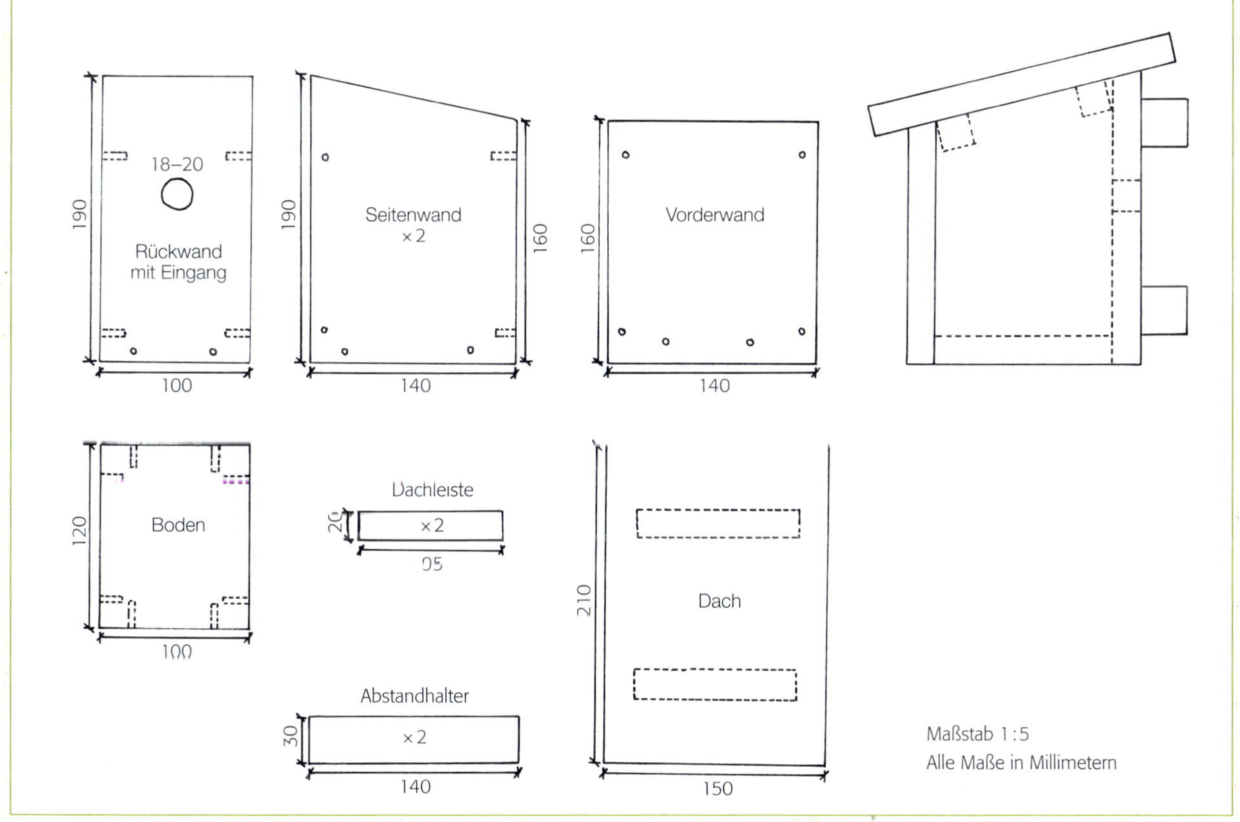

# *Der Haselmaus auf der Spur*

Haselmäuse sind nach dem BNatSchG, der Berner Konvention und dem europäischen Recht streng geschützt. Um die Haselmaus erforschen und schützen zu können, bedarf es zuerst einmal eines Überblicks, wo der kleine Bilch überhaupt noch vorkommt und wo nicht mehr. Da in vielen Regionen die Datenlage über ihr Vorkommen noch unzureichend ist, ersann man mehrere Nachweismethoden, mit denen man Haselmäuse finden kann.

## Auf zur Nussjagd!

*Haselmäuse öffnen ihre Leibspeise mit Muße und typischen, parallel zum Lochrand verlaufenden Nagespuren.*

Eine dieser Methoden ist die Fraßspurensuche, bei uns auch »Nussjagd« genannt, die Forscher in Großbritannien in den 90er-Jahren entwickelt haben. Jede nussliebende Tierart hat ihre speziellen Öffnungstechniken entwickelt, an deren Spuren man erkennen kann, wer genau sich an der Nuss zu schaffen gemacht hat. Eichhörnchen halbieren meist und Vögel zerbrechen sie oftmals, nur kleine Nager fressen ein Loch hinein – und hinterlassen dabei charakteristische »Zahnabdrücke«. Daher ist die Nussmethode eine sehr gute Möglichkeit, der kleinen Schlafmaus auf die Spur zu kommen. Während die Rötel- und Gelbhalsmäuse senkrecht zum Lochrand verlaufende Nagespuren hinterlassen, verlaufen sie bei der Haselmaus parallel zum Lochrand und sind sehr fein und kreisrund angeordnet.

Das Gute an dieser Nachweismethode ist: Jeder kann mitforschen! Sie ist eine leichte und wunderbare Möglichkeit, selbst ganz einfach im Haselmausschutz aktiv zu werden. Wenn man auf Nussjagd geht, sind bebilderte Bestimmungsschlüssel mit den Fraßspuren verschiedener Nager hilfreich. Diese findet man beispielsweise auf den Seiten www.nussjagd.de oder www.pronatura.ch.

Ist man unter den Haselnusssträuchern fündig geworden und besteht aufgrund der Löcher der Verdacht, dass dort eine Haselmaus lebt, sollte man die Nüsse mit Angabe des Fundorts und des Sammeldatums zur Dokumentation an den NABU weiterleiten. So können die Funde dann auf der Karte eingetragen werden. Für Lehrer und Gruppenleiter werden übrigens auch Fortbildungen zum Thema angeboten, und bei Einsendungen bekommen die Kinder einen Beleg, dass sie als Haselmausforscher unterwegs waren.

**Sicherheitstipp:** Im Hinblick auf die Hantaviren-Problematik gibt es einige Tipps, wie man bei der Nussjagd auf Nummer sicher gehen kann. Wobei betont werden muss, dass nicht die Haselmaus der Überträger ist, sondern Mäuse, die sich allerdings den Lebensraum mit ihrer Namensvetterin teilen und in deren Kot und Urin sich die Erreger befinden und so verbreiten. Zur Sicherheit sollte man sich deshalb nach der Suche die Hände sorgfältig waschen und desinfizieren. Während der Suche am besten kein Picknick machen und keine toten Tiere anfassen. Wer ganz sicher gehen möchte, kann auch Einmalhandschuhe und eine Atemschutzmaske tragen.

## Andere Nachweismethoden

Andere Nachweismethoden sind Umfragen, Freinestersuche, Nistkastenkontrollen, Nist- und Haarhaftröhren sowie Spurentunnel. Auch in Gewöllen (Speiballen von Eulen und Greifvögeln, die aus unverdaulichen Nahrungsresten bestehen) können Haselmaussucher fündig werden. Die Analyse bedarf allerdings einiger Übung und Kenntnis. Nicht jede Nachweismethode ist hundertprozentig zuverlässig. So sind Rückmeldungen nach Umfragen, insbesondere ohne Fotonachweis, nur unter Vorbehalt zu betrachten, da immer wieder Verwechslungen mit anderen Kleinnagern vorkommen.

*Nur ganz selten entdeckt man Haselmäuse an Futterstationen für andere Tiere. Will man sie »füttern«, pflanzt man eine Naschhecke.*

Die Freinestersuche ist eine nicht ganz einfache Methode, denn meist sind die Nester schwer zu entdecken und auch hier besteht Verwechslungsgefahr mit den Nestern von Zwergmaus, ZilpZalp und Zaunkönig. Leichter geht es, wenn man den Minibilchen »Fertignester« in Form von Nistkästen und -röhren anbietet. Bei Kastenkontrollen (Achtung, Sondergenehmigung nötig!) hat man in geeigneten Gebieten sehr gute Chancen, während der Sommer- und Herbstzeit fündig zu werden. Niströhren werden gerne als Tagesschlafplätze genutzt. Spurentunnel sind eine günstige und effektive Nachweismethode. Sie werden mit einer ungiftigen Tinte und einem speziellen Papier versehen. Laufen die Haselmäuse hindurch, treten sie zuerst auf das Tintenkissen und

hinterlassen dann Fußabdrücke. Inzwischen gibt es sogar Bauanleitungen (www.probilche.ch) und auch Spurenbestimmungshilfen, die ein Zuordnen erleichtern. Ausgesprochen selten gelingt einem auch mal ein Nachweis an eingerichteten Vogel- oder Eichhörnchen-Futterstationen, dies ist aber eher als Glückstreffer zu werten.

## Aktiv werden für die Haselmaus

*Naturschutzverbände kümmern sich um die Bestandserfassung und bieten auch Laien viele Gelegenheiten, aktiv zu werden.*

Vielleicht hat die Haselmaus ja beim Lesen auch Ihr Herz erobert und Sie möchten sich selbst engagieren? Beim *NABU, BUND* und der *Deutschen Wildtier Stiftung* findet man Anregungen, wie man selbst im Haselmausschutz aktiv werden kann. Naturschutzverbände suchen immer engagierte Naturfreunde, die Nussjagden organisieren oder mitmachen, und in den entsprechenden Arbeitsgruppen ist jeder Interessierte herzlich willkommen. Ein ganz wichtiger Aspekt ist auch die Öffentlichkeitsarbeit. Vorträge an Schulen sowie Aufklärung sind das A und O, um auf diese kleinen nachtaktiven Kobolde aufmerksam zu machen. Speziell für Lehrkräfte, Kinderbetreuer oder Gruppenleiter gibt es dazu viel Material, um auch die Kleinsten für Haselmaus und Co. zu begeistern.

In diesem Zusammenhang sind auch *Citizen-Science*-Projekte erwähnenswert. Bei diesem Konzept ist Mitmachen erwünscht, jeder, der draußen mit offenen Augen unterwegs ist und Lust hat, in der Natur genauer hinzuschauen, kann seine Beobachtungen melden und damit einen ganz wichtigen Beitrag zur Datenerhebung leisten. In Deutschland kann man auf dem Portal www.naturgucker.de seine Beobachtungen eingeben. Der so entstehende große Datenpool stellt für den Natur- und Artenschutz eine wichtige Informationsquelle dar. In Österreich rufen beispielsweise die Österreichischen Bundesforste auf, bei ihrem Haselmausprojekt *Blick ins Dickicht* mitzuhelfen. In der Schweiz findet man bei *Pro Bilche* Aktionen zum Mitmachen.

*Einen Haselmauskasten darf man selbst bauen und anbringen. Zur Kontrolle bedarf es allerdings einer Sondergenehmigung.*

# Haselmaus in Not – die richtige Erste Hilfe

Immer wieder kommt es vor, dass verletzte oder verwaiste Haselmäuse gefunden werden. Ob nun von der Katze angeschleppte oder durch eine Störung verlassene und verwaiste Jungtiere, verunfallte oder kranke erwachsene Haselmäuse, – immer brauchen solche Tiere schnelle und kompetente Hilfe.

## Die nächste Wildtierstation kontaktieren

So ein kleiner Körper erschöpft sehr schnell. Wenden Sie sich also bei einem solchen Notfallfund immer schnellstmöglich an eine Wildtier-Auffangstation. Es muss, um Zeit zu sparen, auch keine Anlaufstelle in der Nähe gesucht werden. Die Auffangstationen sind alle untereinander vernetzt und können dann je nach Wohnort den nächstgelegenen Kontakt vermitteln.

*Eine geschwächte Haselmaus muss schnellstmöglich in die professionellen Hände einer Auffangstation. Bis dahin braucht sie Wärme und Ruhe.*

Bis zur Übergabe können Sie wohlüberlegt helfen. Dabei sind die Fundumstände sehr wichtig:

## Rückführung von Jungtieren

**Wurde etwa durch Gartenarbeiten ein Wurfnest zerstört,** empfiehlt es sich, eine Rückführung der Jungen zur Mutter zu wagen. Dies funktioniert aber nur bei unverletzten und noch warmen Jungtieren, denn nur diese rufen nach der Mutter. Das Anfassen der Tiere und eine damit verbundene Geruchsveränderung stört die Mutter übrigens nicht.

Man packt die Tiere samt Nestuberbleibseln in ein Körbchen, in dem sich eine umwickelte Wärmeflasche (circa 37 bis 38 Grad) befindet. Vorsicht: Es darf nicht zu heiß werden! Dieses stellt man bei Sonnenuntergang am Fundort erhöht und katzensicher auf. So bleiben die Jungtiere warm. Wichtig dabei ist, dass man mit ausreichender Distanz zum provisorischen Nest alles gut im

Auge behält, um zu verhindern, dass Räuber in der Zwischenzeit die Kleinen holen. Bei etwas agileren Jungtieren muss man darauf achten, dass sie nicht allein loskrabbeln. Niemals unbeaufsichtigt die ganze Nacht dort stehen lassen! Sind die Babys erst wenige Stunden alt, sollte dieser Rückführungsversuch nicht allzu lange dauern, maximal zwei bis drei Stunden, weil die lange Unterversorgung sonst lebensgefährlich wird. Klappt es und kommt die Mutter wieder zurück, wird sie ein Junges nach dem anderen abholen und in ein Ersatznest tragen. Falls nicht, müssen die Jungtiere schnellstmöglich in eine Auffangstation gebracht werden.

*Flüssigkeit sollte niemals an unterkühlte Tiere verabreicht werden und nur von einer geschulten Person oder notfalls unter Anleitung.*

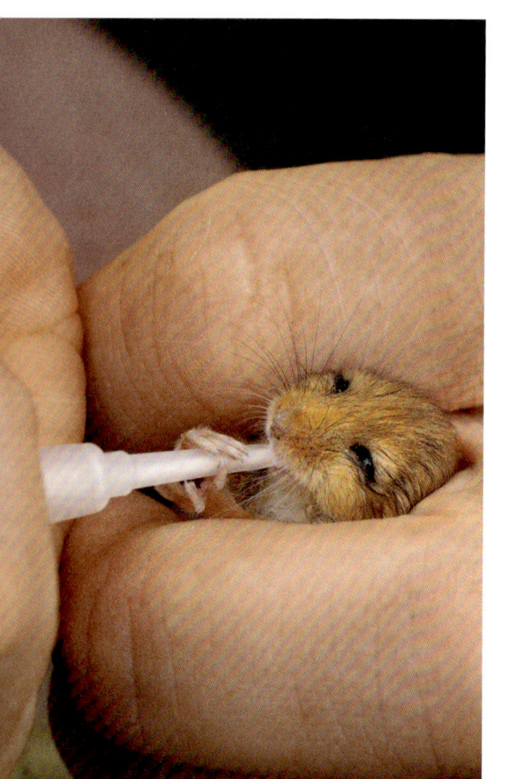

## Verletzte erwachsene Tiere

Bei häufig vorkommenden Katzenopfern und anderen verunfallten Haselmäusen gilt ebenfalls, einen möglichst raschen Kontakt zu einer Auffangstation oder Pflegestelle herzustellen. Sollte die Schwere der Verletzung einen Tierarztbesuch erfordern, dann geben Sie bitte dem Arzt die Nummer der kontaktierten Auffangstation. Nicht jeder Tierarzt ist wildtierkundig und wir als versierte Pfleger stehen ihnen bezüglich Medikation und Behandlung gern beratend zur Seite.

## Notversorgung: Wärme, Flüssigkeit und Parasiten-Check

**Wärme:** Ist die Rückführung missglückt, sollten die Jungtiere bis zur Übergabe in eine Auffangstation oder Pflegestelle unbedingt wie oben beschrieben warm gehalten werden. Wichtig ist auch, junge wie erwachsene Tiere bis zur Abgabe in einer ruhigen Umgebung unterzubringen.

**Flüssigkeitsgabe:** Verzögert sich die Übergabe zeitlich etwas, kann man unter telefonischer Anleitung versuchen, vorsichtig tropfenweise etwas Wasser ans Schnäuzchen zu geben. **Auf keinen Fall** darf man unterkühlten Tieren Flüssigkeit einflößen, das gilt auch für verletzte erwachsene Tiere. Auch Kuhmilch ist vollkommen ungeeignet für die Babys. Die Gefahr, dass die Tiere bei der Flüssigkeitsgabe etwas davon einatmen, ist sehr hoch – aus diesen Gründen sollte eine Versorgung immer nur von Fachleuten vorgenommen werden, beziehungsweise im Notfall unter genauer telefonischer Anleitung erfolgen.

**Parasiten absammeln:** Sie selbst sollten bei den Tieren **niemals** ohne vorherige Absprache mit einem kundigen Wildtierpfleger Medizin verabreichen oder eine Behandlung mit irgendeinem Mittel durchführen. Das endet in der Regel tödlich! Was Sie aber tun können und sollten ist, Ektoparasiten, wie Flöhe und Zecken, abzusammeln. Fliegeneier müssen unbedingt **sofort** mit einer Pinzette oder einer Zahnbürste entfernt werden. Besonders im Sommer entwickeln sich die Maden schnell und fressen sich dann erbarmungslos durch das Fleisch der Tiere. Mit dieser Ersten Hilfe unterstützen Sie die kleinen Bilche während der kritischen Zeit bis zur Übergabe in die geschulten Hände von Wildtierpflegern. Und dann dauert es nicht mehr lange, bis die zierlichen Patienten wieder fit sind für akrobatische Kunststücke in ihren geliebten Hecken.

*Optimal versorgt durch informierte Ersthelfer und geschulte Wildtierpfleger kann die Haselmaus bald wieder zurück in ihre geliebte Hecke.*

# Abschlussworte

Damit sind wir nun am Ende des Buches. Ich möchte mich ganz herzlich für das Interesse an den kleinen Haselmäusen bedanken und hoffe, ich konnte etwas Licht ins geheimnisvolle Leben der nachtaktiven Kobolde bringen. Um unsere heimischen Nachtschwärmer besser verstehen und schützen zu können, müssen sie zunächst einmal aus der Anonymität der Nacht wieder mehr in den Fokus der Öffentlichkeit gerückt werden. Mein Hauptanliegen mit diesem Buch ist es, meine Faszination und Begeisterung für die Bilche so in Worte zu kleiden, dass sie ansteckend wirkt. Denn Haselmäuse brauchen Freunde, vor allem Menschen, die sich aktiv für ihren Schutz einsetzen, über ihr verborgenes Leben aufklären und ihnen eine Stimme geben. Sie leben seit Millionen Jahren auf der Erde und an uns ist es nun, dies auch für die Zukunft zu sichern.

# Adressen und Bücher, die Ihnen weiterhelfen

## Forschung und Schutz

**Deutschland:**

www.nabu.de –
*Der Naturschutzbund Deutschland, kurz NABU, bietet zahlreiche Informationen und Aktionen rund um Mensch und Natur in ganz Deutschland an.*

www.deutschewildtierstiftung.de –
*Die deutsche Wildtierstiftung bietet umfangreiche Informationen und Aktionen zum Schutz der heimischen Artenvielfalt und ihrer Lebensräume.*

www.forschung-oefs.de –
*Die Ökologische Forschungsstation Schlüchtern forscht im Rahmen eines Langzeitmonitorings an höhlenbrütenden Singvögeln, Kleinsäugern und Insekten. Außerdem bietet sie naturpädagogische Aktionen und Informationen an.*

**Österreich:**

www.apodemus.at –
*ARGE Kleinsäugerforschung*

**Schweiz:**

www.probilche.ch –
*Der Verein Pro Bilche hat sich zum Ziel gesetzt, die Schläfer in ihrem Lebensraum zu fördern und auch Menschen zu beraten.*

## Auffangstationen

www.wildtierschutz-deutschland.de –
*Adressen von Auffangstationen nach PLZ geordnet.*

www.wildtiere-in-not.at

www.wildstation.ch

## Bücher zur Haselmaus

Bark, Dieter: Im Wald der Bilche: Erlebnisse mit Haselmäusen und Siebenschläfern, Müller + Busmann, 2008

Fuchshuber, Annegret: Mausemärchen – Riesengeschichte, Thienemann, 2017

Juskaitis, Rimvydas; Büchner, Sven: Die Haselmaus. Muscardinus avellanarius, VerlagsKG Wolf, 2010

## Über Korinna Seybold

Tiere waren schon immer meine Passion und ein fester Bestandteil in meinem Leben. Nach dem Abitur und der Ausbildung zur Steuerfachangestellten wandte ich mich auch beruflich den Tieren zu und absolvierte ein Praktikum im Zoo sowie die Studiengänge »Alternative Tierheilkunde« und »Tierverhaltenstherapie«. Zeitgleich war ich in einem Tierheim aktiv und gründete einen eigenen Tierhilfeverein. Mein Fokus lag damals noch auf dem »Haustierschutz«. Nebenbei kümmerte ich mich auch immer wieder um hilfsbedürftige Wildtiere und bemerkte schnell, dass im Bereich Wildtierpflege ein großer Bedarf bestand, aber kaum Anlaufstellen für solche Notfälle existierten. Mit Igeln und Wildvögeln begann vor 16 Jahren mein Einstieg in die Wildtierhilfe, und seit fünf Jahren führe ich nun mit meiner Familie eine eigene, staatlich anerkannte Wildtierauffangstation und einen kleinen Gnadenhof für Haustiere im Odenwald.
2017 habe ich die Interessengemeinschaft hessischer Wildtierpfleger ins Leben gerufen, die ich nun gemeinsam mit meinen Kollegen/-innen etablieren möchte.

## Impressum

**Bibliografische Information der Deutschen Nationalbibliothek**
Die Deutsche Nationalbibliothek verzeichnet diese Publikation in der Deutschen Nationalbibliografie; detaillierte bibliografische Daten sind im Internet über http://dnb.d-nb.de abrufbar.

BLV Buchverlag
GmbH & Co. KG

80636 München

© 2018 BLV Buchverlag GmbH & Co. KG, München

Das Werk einschließlich aller seiner Teile ist urheberrechtlich geschützt. Jede Verwertung außerhalb der engen Grenzen des Urheberrechtsgesetzes ist ohne Zustimmung des Verlags unzulässig und strafbar. Das gilt insbesondere für Vervielfältigungen, Übersetzungen, Mikroverfilmungen und die Einspeicherung und Verarbeitung in elektronischen Systemen.

Umschlagkonzeption und -gestaltung: BLV-Verlag
Umschlagfotos: Titelbild: Shutterstock/ Miroslav Hlavko;
Rückseite: mauritius images/imageBROKER/Marko König (links); Istockphoto.com/MortenChr (Mitte); mauritius images/age fotostock/Gerard Lacz (rechts)

Lektorat: Sonja Forster
Herstellung: Angelika Tröger
Layoutkonzeption Innenteil: griesbeck design, München
Layout: Kathrin Michel, München

**Hinweis**
Das vorliegende Buch wurde sorgfältig erarbeitet. Dennoch erfolgen alle Angaben ohne Gewähr. Weder Autorin noch Verlag können für eventuelle Nachteile oder Schäden, die aus den im Buch vorgestellten Informationen resultieren, eine Haftung übernehmen.

 www.facebook.com/blvVerlag

**Bildnachweis**
Fotolia: Kletr: 51o; PIXATERRA: 20u, 23r, 83; Prochym: 54o; ryzhkov_sergey: 51u
H. Reinhard – Arco Images GmbH: 39r
Istockphoto.com: MauMyHaT: 12/13; MortenChr: 60/61, 84o; MykolaIvashchenko: 93; SashaFoxWalters: 4ol, 73u
Klapp, T./Juniors: 38
mauritius images/age fotostock/Gerard Lacz: 21, 22, 25, 44/45, 70, 73o; mauritius images/Arterra Picture Library/Alamy: 10, 62; mauritius images/David Chapman/Alamy: 17l, 52, 72, 86; mauritius images/David Woodfall/Alamy: 91; mauritius images/FLPA/Alamy: 23l; mauritius images/Frank Hecker/Alamy: 16, 31, 53, 84u; mauritius images/Gerard Lacz/VWPics/Alamy: 50; mauritius images/Gerard Lacz: 48/49, 66; mauritius images/Gerard Navizet/Alamy: 33; mauritius images/imageBROKER/Hans Lang: 63l; mauritius images/imageBROKER/Marko König: 36/37, 55o, 78/79, 92; mauritius images/McPHOTO/Ottfried Schreiter: 47; mauritius images/Minden Pictures/Karl Van Ginderdeuren/Buiten-beeld: 14; mauritius images/Nature Photographers Ltd/Alamy: 29l, 56/57; mauritius images/nature picture library/Danny Green: 71; mauritius images/nature picture library/Nick Upton: 88, 89, 90; mauritius images/nature picture library/Terry Whittaker/Wild Wonders of Europe: 54u; mauritius images/Oliver Smart/Alamy: 39l; mauritius images/Photoshot Creative/Stephen Dalton: 55u, 68; mauritius images/tbkmedia.de/Alamy: 34/35, 40, 42, 63r, 69; mauritius images/United Archives: 29r; mauritius images/Werner Layer: 24o, 76; mauritius images/Worldwide Picture Library/Alamy: 74; mauritius images/Zoonar GmbH/Alamy: 58/59
O.Giel/Juniors: 41u
Shutterstock: Angyalosi Beata: 2/3, 4ul, 8/9, 17r, 26/27, 82; Emi: 77; Miroslav Hlavko: 1, 4ur, 4or, 6/7, 18, 20o, 24u, 28, 41o, 43, 64/65, 67, 80/81, reptiles4all: 32r; Zhukerman: 32l
Bauplan Seite 85: Angelika Tröger

Gedruckt auf chlorfrei gebleichtem Papier

Printed in Germany
ISBN 978-3-8354-1788-5

# BLV im WEB

In unserem Webshop warten weit über 500 lieferbare Titel zu den Themen Garten, Natur, Sport, Fitness, Kreativ und Kochen auf Sie.

Surfen Sie doch mal vorbei und bestellen Sie **versandkostenfrei**.

**Versandkostenfrei bestellen: www.blv.de**